André de Freitas Smaira
Daniel Varela Magalhães
Stella Torres Müller

Relógio Atômico Compacto

AF138597

André de Freitas Smaira
Daniel Varela Magalhães
Stella Torres Müller

Relógio Atômico Compacto

Análise da expansão livre de átomos num padrão
primário de frequência baseado em átomos frios

Novas Edições Acadêmicas

Impressum / Impressão
Bibliografische Information der Deutschen Nationalbibliothek: Die Deutsche Nationalbibliothek verzeichnet diese Publikation in der Deutschen Nationalbibliografie; detaillierte bibliografische Daten sind im Internet über http://dnb.d-nb.de abrufbar.
Alle in diesem Buch genannten Marken und Produktnamen unterliegen warenzeichen-, marken- oder patentrechtlichem Schutz bzw. sind Warenzeichen oder eingetragene Warenzeichen der jeweiligen Inhaber. Die Wiedergabe von Marken, Produktnamen, Gebrauchsnamen, Handelsnamen, Warenbezeichnungen u.s.w. in diesem Werk berechtigt auch ohne besondere Kennzeichnung nicht zu der Annahme, dass solche Namen im Sinne der Warenzeichen- und Markenschutzgesetzgebung als frei zu betrachten wären und daher von jedermann benutzt werden dürften.

Informação biográfica publicada por Deutsche Nationalbibliothek: Nationalbibliothek numera essa publicação em Deutsche Nationalbibliografie; dados biográficos detalhados estão disponíveis na Internet: http://dnb.d-nb.de.
Os outros nomes de marcas e produtos citados neste livro estão sujeitos à marca registrada ou a proteção de patentes e são marcas comerciais registradas dos seus respectivos proprietários. O uso dos nomes de marcas, nome de produto, nomes comuns, nome comerciais, descrições de produtos, etc. Inclusive sem uma marca particular nestas publicações, de forma alguma deve interpretar-se no sentido de que estes nomes possam ser considerados ilimitados em matérias de marcas e legislação de proteção de marcas e, portanto, ser utilizadas por qualquer pessoa.

Coverbild / Imagem da capa: www.ingimage.com

Verlag / Editora:
Novas Edições Acadêmicas
ist ein Imprint der / é uma marca de
OmniScriptum GmbH & Co. KG
Heinrich-Böcking-Str. 6-8, 66121 Saarbrücken, Deutschland / Niemcy
Email / Correio eletrônico: info@nea-edicoes.com

Herstellung: siehe letzte Seite /
Publicado: veja a última página
ISBN: 978-3-639-89771-5

Sumário

Capítulo 1

Relógio Atômico

1.1 História

Um relógio atômico é um equipamento de alta precisão que mede a frequência de transição de átomos, podendo, assim, ser utilizado para medir o tempo. O primeiro átomo a ser utilizado, na década de 1950 foi o Césio 133 $\left(^{133}Cs\right)$. Por esse motivo, as técnicas relativas a ele foram muito desenvolvidas e, em 1967, na 13ª Conferência Geral de Pesos e Medidas, em Paris, o segundo (antes definido como "$\frac{1}{31.556.925,9747}$ do tempo que levou a Terra para girar em torno do Sol a partir das 12 horas do dia 4 de janeiro de 1900") foi redefinido: "O segundo é a duração de 9.192.631.770 períodos da radiação correspondentes à transição entre dois níveis hiperfinos do estado fundamental do átomo de Césio 133". Em 1997, Comitê Internacional de Pesos e Medidas [1], afirmou que essa definição se refere ao $\left(^{133}Cs\right)$ com temperatura termodinâmica de 0K.

Com essa definição, se tornou altamente necessário o grande e rápido desenvolvimento desses equipamentos para torná-los mais estáveis e precisos, desejados para o uso em sincronizações, como em telefonia, em satélites ou, até mesmo em experimentos de física básica.

Atualmente, são utilizados lasers para "frear"e aprisionar os átomos, facilitando sua manipulação e dimunuindo cada vez mais a temperatura dos átomos aprisionados.

A evolução dos últimos 60 anos foi importante devido à necessidade de medidas cada vez mais precisas e eficientes, seja no meio acadêmico ou empresarial. Isso fez com que, cada vez mais, outras unidades físicas também fossem determinadas em função do segundo, para que possam ter a maior precisão existente atualmente.

Recentemente, o ^{87}Rb pareceu ser mais vantajoso que o ^{133}Cs, apesar de cada um ter suas vantegens e desvantagens. Mas o segundo foi definido em uma época em que o ^{133}Cs era muito melhor estudado, caracterizado e com vantagens o suficiente para ser utilizado, por isso a escolha foi essa. Pode-se listar as vantagens de se usar ^{133}Cs:

- Somente um isótopo estável

- O fator de qualidade da transição atômica favorecido:

  - A transição relógio envolve níveis com grandes tempos de vida, fazendo com que a duração da interrogação não seja tão limitada por esses parâmetros

  - A frequência da transição hiperfina é elevada e pertence à faixa de micro-ondas, frequências bem controladas já em 1967

- O ^{133}Cs pode ser resfriado através de lasers de diodo (de baixo custo)

- Baixa velocidade quando frio, permitindo longos períodos de interrogação

- Grande número de átomos podem ser interrogados ao mesmo tempo, elevando a relação sinal-ruído e a estabilidade do sinal padrão

1.2   Funcionamento Resumido

O princípio de funcionamento de um relógio atômico consiste em travar um oscilador local na frequência de Bohr relativa à transição relógio:

4

$$f_0 = \frac{E_f - E_i}{h}$$

Os átomos são interrogados utilizando esse oscilador e geram um sinal de erro que é utilizado para realimentar o oscilador. Assim, o erro diminui a cada iteração (Figura 1.1) e estabiliza-se o oscilador na frequência de ressonância do átomo.

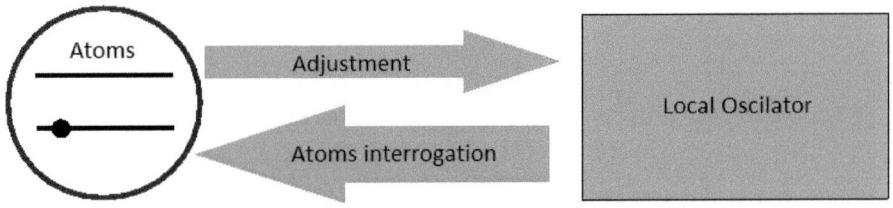

Figura 1.1: Interrogação dos átomos e estabilização do oscilador

A transição do ^{133}Cs escolhida como a "transição relógio" que define o segundo é, como mostrado no espectro de Zeeman (Figura 1.2):

$$6^2S_{1/2}|F = 3, m_F = 0\rangle \rightarrow 6^2S_{1/2}|F = 4, m_F = 0\rangle$$

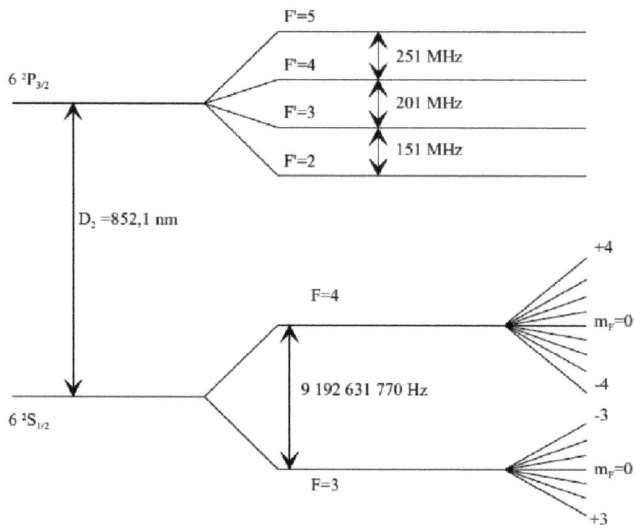

Figura 1.2: Principais níveis de energia do ^{133}Cs para o relógio

A partir do exposto, para o funcionamento do relógio atômico, as etapas do ciclo a serem realizadas são resfriamento, aprisionamento, interrogação e detecção dos átomos.

1.3 Relógio Atômico Compacto

Foi apresentado resumidamente o funcionamento geral de um relógio atômico. Agora serão mostradas as particularidades de um relógio atômico compacto, cada vez mais necessários pois as empresas buscam essa tecnologia devido à necessidade de equipamentos precisos, como na telefonia celular, em satélites, entre outros.

Como o próprio nome já diz, ele é um relógio pequeno em relação aos outros. Isso só é possível pois todo o ciclo é feito dentro da mesma cavidade, a câmara de vácuo, apesar de ainda ser necessária a mesa óptica (Figura 1.3).

Figura 1.3: (1) Câmara de vácuo com as bobinas geradoras do campo magnético. (2) Mesa óptica com o aparato necessário para tratamento e direcionamento dos lasers necessários ao resfriamento e aprisionamento

A figura 1.4 descreve o ciclo de um relógio compacto, sendo que as partes desse serão explicadas a seguir no capítulo "Ciclo de Funcionamento". Note que, nesse caso, todas as estapas são feitas no mesmo local (na câmara de vácuo), sem que haja lançamento da nuvem para interrogação ou detecção.

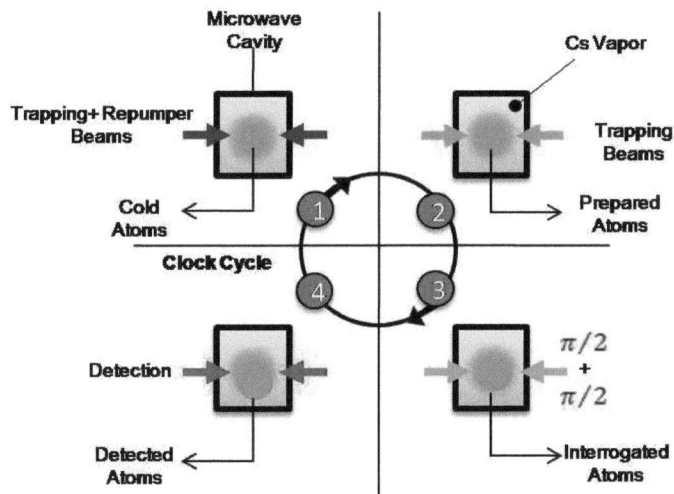

Figura 1.4: Ciclo total do relógio atômico compacto. (1) Resfriamento e aprisionamento. (2) Preparação. (3) Interrogaão. (4) Detecção. O esquema está em escala.

Apesar da vantagem do tamanho, existem devantagens. A estabilidade é diretamente proporcional ao tempo de interrogação, portanto, como o TAC (apelido carinhoso do nosso relógio) tem um pequeno tempo de interrogação devido à necessidade da recaptura ágil de átomos que não são lançados, a estabilidade do relógio compacto é menor.

Capítulo 2

Ciclo de Funcionamento

2.1 Resfriamento de Átomos

A utilização de átomos frios é importante para um relógio atômico pois sua baixa velocidade faz com que a qualidade da resposta seja elevada, mas para que pudéssemos ter átomos realmente frios (próximos do 0K), foi necessária uma importante evolução no resfriamento e aprisionamento. Abaixo são apresentadas duas técnicas de resfriamento de uma nuvem atômica, na ordem exposta, complementares.

2.1.1 Resfriamento Doppler

Também conhecido como "Melado Óptico", por criar um meio viscoso para os átomos, esse método usa como base a interação da luz com a matéria. Isso é feito a partir de três pares de feixes de lasers ortogonais contrapropagantes, diminuindo sua velocidade e, consequentemente, sua temperatura através da força de pressão de radiação. Como mostra a figura 2.1 do modelo unidimensional, quando um átomo se choca com um fóton contrapropagante, este é absorvido, fazendo a velocidade do átomo diminuir, devido à conservação do momento linear:

$$\Delta v = \frac{\hbar k}{M},$$

sendo Δv o módulo da diminuição da velocidade do átomo, $\hbar$ a constante de Planck reduzida, k o vetor de onda da luz e M a massa do átomo.

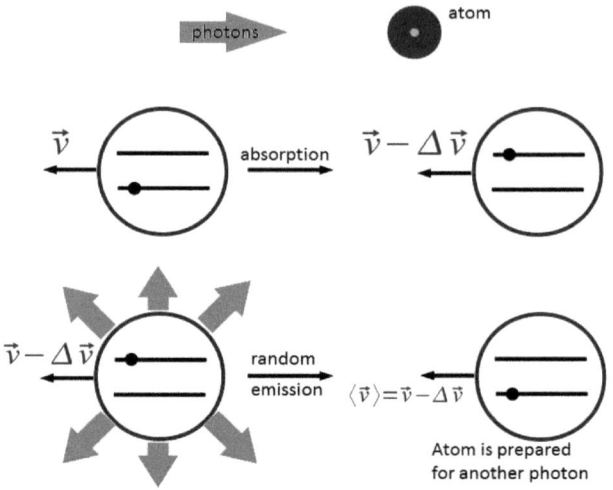

Figura 2.1: Resfriamento Doppler

A absorção faz com que seu elétron da camada de valência suba um nível atômico e, quando o átomo retorna ao estado fundamental, este emite o fóton em uma direção aleatória, causando outra variação de velocidade. Porém, como essa emissão é isotrópica, depois de o átomo interagir com muitos fótons, essa variação de velocidade será, em média, nula. Assim a velocidade do átomo só será alterada na direção do feixe contrapropagante e com sinal positivo nesse sentido, ou seja, o módulo da velocidade do átomo diminuirá.

Se esse método é tão eficiente, por que ainda não chegamos ao zero absoluto de temperatura? Isso ocorre por causa de um efeito ignorado nessa explicação. Durante o processo de resfriamento Doppler apresentado, há um aquecimento dos átomos devido à luz no processo de emissão. Assim, a partir do equilíbrio, igualando o módulo da taxa de resfriamento devido ao método apresentado ao módulo da taxa de aquecimento devido à emissão, obtemos a seguinte expressão para a temperatura limite para o método de Resfriamento Doppler:

$$T_D = \frac{\hbar\Gamma}{2k_B},$$

sendo Γ a largura de linha natural da transição atômica e k_B a constante de Boltzmann. Para o ^{133}Cs, a largura de linha da transição utilizada $\left(6^2S_{1/2}F = 4 \leftrightarrow 6^2P_{3/2}F = 4\right)$ vale $\Gamma \approx 10{,}4304\pi\, Mrad/s$. Dessa maneira, $T_D \approx 124{,}62\mu K$, tendo uma velocidade equivalente:

$$v = \sqrt{\frac{3k_BT}{M}} = \sqrt{\frac{3\hbar\Gamma}{2M}}$$

$$v \approx 15{,}33 cm/s$$

Depois desse resfriamento, os átomos já estão prontos para serem aprisionados. A armadilha mais eficiente atualmente é a Armadilha Magneto-Óptica (Magneto-Optical Trap - MOT) [6], que combina o resfriamento Doppler com um arranjo especial de campo magnético. Essa armadilha será melhor explicada no tópico "Aprisionamento de Átomos Frios".

2.1.2 Resfriamento sub-Doppler

O chamado resfriamento sub-Doppler por Efeito Sisyphus, aplicado sobre uma nuvem atômica já resfriada e aprisionada pelo resfriamento Doppler e pelo MOT, respectivamente, resfria, como o nome já sugere, abaixo da temperatura Doppler. Esse método utiliza um fenômeno desconsiderado até agora: a interferência gerada por cada par de feixes contrapropagantes cria uma onda estacionária com gradiente de polaização [4], onde os átomos se movem em um campo potencial variável senoidal (periódico), diminuindo sua velocidade, como demonstrado na figura 2.2: quando o átomo atinge um máximo de potencial (mínima energia cinética), o bombeamento óptico os movem novamente para o poço de potencial, fazendo com que haja perda de energia potencial.

A temperatura final é tal que:

$$T \propto \frac{I}{\Delta \omega}$$

sendo I a intensidade do laser e $\Delta \omega$ o deslocamento de frequência dos feixes durante o processo.

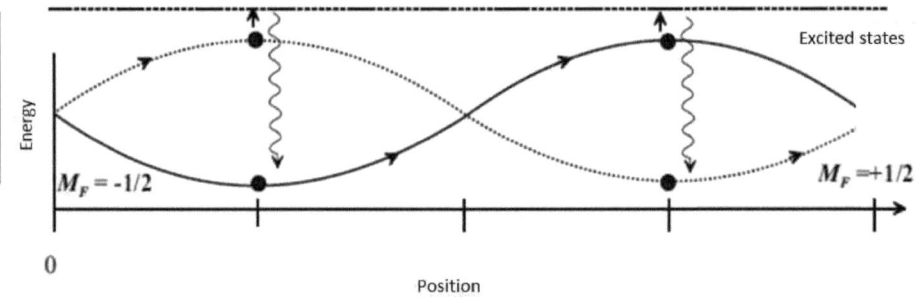

Figura 2.2: Esquema do resfriamento sub Doppler, mostrando o gradiente de polaização e o gráfico do potencial

2.1.3 Modelagem, Resultados e Discussões

Medindo a Temperatura nesse Regime

Termômetros são baseados na troca de calor entre a amostra e um material conhecido até o equlíbrio térmico para que, se aproveitando de alguma propriedade conhecida desse material em relação à sua temperatura, se possa medi-la. Mas nesse regime de temperaturas (da ordem de 10^{-6} K), isso fica inviável tornando necessária uma técnica conhecida como TOF ("*Time of Flight*", ou, em português, "Tempo de Voo"), usada usualmente em relógios atômicos do tipo Fountain, em que a nuvem é lançada e recapturada após um tempo conhecido e, pela medição da variação do seu raio, pode-se obter sua velocidade e consequentimente sua temperatura.

Como nossos estudos são baseados em um relógio atômico compacto, não há espaço para esse lançamento, portanto usamos uma técnica semelhante ("*release-recapture*") em que a amostra é liberada e pouco tempo depois recapturada várias vezes para tempos diferentes, porém de mesma ordem de grandeza (ms).

A partir do número de átomos inicial e do número deles recapturados, já que muitos são perdidos na expansão da nuvem, pois passam do raio de captura do laser, sua temperatura pode ser obtida através do modelo de distribuição de velocidades de Maxwell-Boltzmann.

Outra vantagem em relação aos métodos usualmente utilizados é que os equipamentos necessários são somente obturadores eletro-mecânicos (para bloquear o feixe de rebombeio) com velocidade e sensibilidade suficientes para a técnica de "release-recapture"com intervalos de tempo de alguns milissegundos.

Tendo um número conhecido de partículas (N_0) capturadas e conhecendo o raio de captura (R_C) tal que, se um átomo estiver a uma distância menor que ele do centro da armadilha, será recapturado e utilizando a teoria de Maxwell-Boltzmann:

$$f(v)dv = 4\pi v^2 \left(\frac{m}{2\pi KT}\right)^{\frac{3}{2}} e^{-\frac{1}{2}\frac{mv^2}{k_B T}} dv$$

$$\int_0^\infty f(v)dv = 1$$

Desligando a armadilha e religando num determinado tempo muito pequeno (t), para uma expansão livre praticamente isotrópica da nuvem atômica obtida, serão perdidas as partículas com velocidades superiores a $\frac{R_C}{t}$, ou seja:

$$\frac{N(t)}{N_0} = 1 - \int_{\frac{R_C}{t}}^\infty f(v)dv = \int_0^{\frac{R_C}{t}} f(v)dv$$

Então:

$$\frac{N(t)}{N_0} = \int_0^{\frac{R_C}{t}} 4\pi v^2 \left(\frac{m}{2\pi KT}\right)^{\frac{3}{2}} e^{-\frac{1}{2}\frac{mv^2}{k_B T}} dv$$

13

Simplificando:

$$\frac{N(t)}{N_0} = \frac{4}{\sqrt{\pi}} \int_0^{\alpha_C} \alpha^2 e^{-\alpha^2} d\alpha$$

$$\begin{cases} \alpha^2 = \dfrac{mv^2}{2k_BT} \\[3mm] \alpha_C = \dfrac{R_C}{t}\sqrt{\dfrac{m}{2k_BT}} \end{cases} \tag{2.1}$$

Medindo-se o número N(t) de partículas recapturadas, plotando, através do Maple, o número de partículas em função do tempo de espera com a armadilha desligada (t) e comparando esses dados experimentais com os obtidos teoricamente para diferentes temperaturas, pode-se obter a temperatura aproximada dos átomos do MOT. Mas existe uma diferença entre o tempo inicial teórico e o prático. Isso acontece devido ao fato de que na teoria utilizada, os átomos partem de um só ponto, como se toda a matéria estivesse ocupando o mesmo espaço, sendo que na realidade isso nunca ocorre e os átomos partem de um raio inicial, ou seja, têm que percorrer uma distância menor que a prevista na teoria para que possa escapar da armadilha e, portanto, deve ter uma velocidade menor para que isso ocorra. Assim, na equação 15, deve-se somar uma constante t_C na variável temporal para que isso seja corrigido e obtenha-se uma estimativa além da qual a temperatura real não está:

$$\frac{N(t)}{N_0} = \frac{4}{\sqrt{\pi}} \int_0^{\alpha_C} \alpha^2 e^{-\alpha^2} d\alpha$$

$$\begin{cases} \alpha^2 = \dfrac{mv^2}{2k_BT} \\[3mm] \alpha_C = \dfrac{R_C}{t+t_C}\sqrt{\dfrac{m}{2k_BT}} \end{cases} \tag{2.2}$$

Plotamos um gráfico teórico e hipotético apenas para mostrar a relação entre

14

a variação da temperatura e o deslocamento da curva. Tal demonstraão está na figura abaixo.

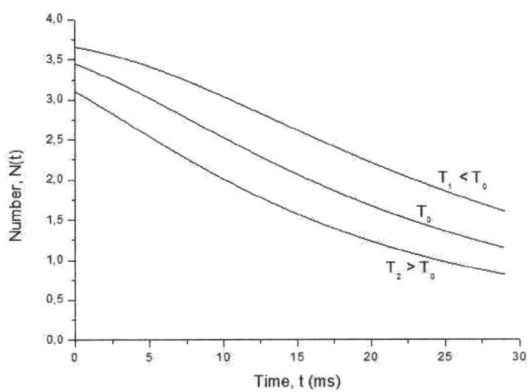

Figura 2.3: Relação entre a variação de temperatura e o deslocamento da curva no gráfico teórico

Resultados e Discussões

Como utilizamos átomos de ^{133}Cs, temos massa $m = 2{,}20694650(17) \times 10^{-25} kg$, número inicial $N_0 = 3{,}6$ e raio de captura $R_C = 4{,}8mm$.

Com esses dados e as medidas experimentais de número em função do tempo de recaptura obtidos e apresentados na tabela abaixo e utilizando a teoria de distribuição de velocidades de Maxwell-Boltzmann (Equação 16), temos a seguir, utilizando o software Maple, um gráfico, que relaciona os dados experimentais (átomos após o resfriamento Doppler) com os teóricos.

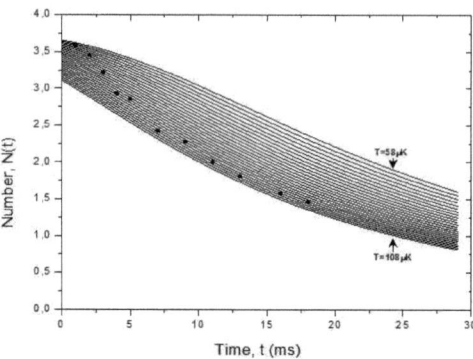

Figura 2.4: Gráfico de número em função do tempo de recaptura sobreposto pelas curvas teóricas

A partir da proximidade entre a taxa de variação dos pontos experimentais e das curvas teóricas obtemos os seguintes resultados:

$$t_C = 25ms$$

$$58\mu K \leqslant T \leqslant 108\mu K$$

Podemos observar que, apesar do grande intervalo obtido, os pontos com maior tempo de espera para recaptura e, portanto, com resultados mais precisos, estão em um intervalo menor de curvas. Então podemos dizer que a temperatura mais provável está próximo de $100\mu K$. Esse resultado está próximo ao esperado, já que essa medida foi feita depois do resfriamento Doppler.

Esse método foi descrito detalhadamente em artigo publicado em março de 2012 na Revista Brasileira de Ensino de Física [5], disponível na íntegra no apêndice ao final do livro.

2.2 Aprisionamento de Átomos Frios

Como dito, depois do resfriamento Doppler, já é possível o aprisionamento a partir de uma armadilha Magneto-Óptica. Mas o que é isso?

A armadilha citada é uma combinação de lasers e campos magnéticos muito bem controlados de tal forma que os átomos formam uma pequena nuvem atômica no centro da câmara de vácuo, na intersecção dos três pares de feixes de laser contrapropagantes com o centro do campo gerado pelas bobinas. Ela utiliza, além dos lasers já necessários ao resfriamento, um par de bobinas no arranjo anti-Helmholtz [5] (Figura 26), que forma um poço de potencial no centro devido à interação do momento magnético dos átomos com o gradiente do campo magnético gerado pelas bobinas.

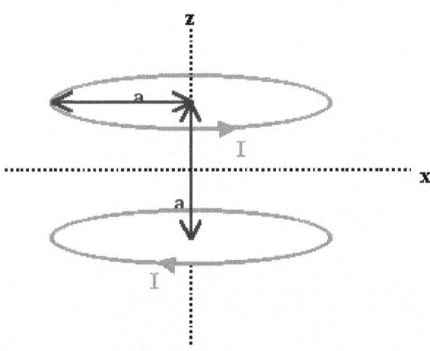

Figura 2.5: [11] Par de bobinas no arranjo anti-Helmholtz

Essa configuração é tal que, no centro do sistema, o campo magnético gerado é nulo, variando linearmente ao redor dele em todas as direções, sendo o maior gradiente na direção do eixo das bobinas (z) e metade desse máximo nas direções perpendiculares (x e y).

O funcionamento dessa armadilha, parte do princípio de que, ao aplicarmos um campo magnético não homogêneo $\vec{B}(z) = B_0\hat{z}$ no átomo, seus subníveis excitados são deslocados em sentidos opostos para diferentes sinais de z, tal que, com a polarização da luz correta para cada um dos sinais de z, tem-se sempre uma força restauradora no sentido de z = 0 (Figura 27).

17

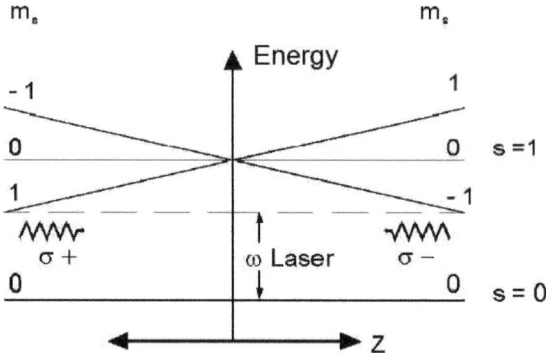

Figura 2.6: Esquema do funcionamento da armadilha Magneto-Óptica para um átomo hipotético de dois níveis

Disso podemos escrever a força "sentida"pelo átomo como uma soma da força restauradora gerada pelas bobinas e uma força de atrito proporcional à velocidade, gerada pelos lasers:

$$\vec{F} = -\alpha_D \vec{v} - K_D \vec{z}$$

sendo $K_D = \dfrac{\alpha_D \mu_B g B_0}{k}$, $\mu_B = \dfrac{e\hbar}{2m_e}$ o magneton de Bohr e g o fator de Landé.

Observando a equação podemos fazer uma analogia com um oscilador harmônico amortecido, sendo que a tabela abaixo descreve as equivalências:

	MOT	Oscilador
Força	$\vec{F} = -\alpha_D \vec{v} - K_D \vec{z}$	$\vec{F} = -b\vec{v} - k\vec{z}$
Constante de amortecimento	α_D	b
Constante de oscilação	K_D	k

Assim, dependendo da relação entre α_D e K_D, podemos ter movimentos análogos aos possíveis movimentos de um oscilador amortecido.

18

2.3 Preparação

Para que os átomos sejam interrogados, eles tem que ser preparados no estado hiperfino inicial da transição relógio $6^2S_{1/2}|F = 3, m_f = 0\rangle \longrightarrow 6^2S_{1/2}|F = 4, m_f = 0\rangle$ (figura 2.7) através do deligamento do laser de rebombeio. Certo tempo depois (3 ms no nosso relógio atômico compacto, TAC), o laser mestre é desligado, deixando os átomos totalmente livres para que haja a expansão da nuvem atômica e a interrogação dos átomos.

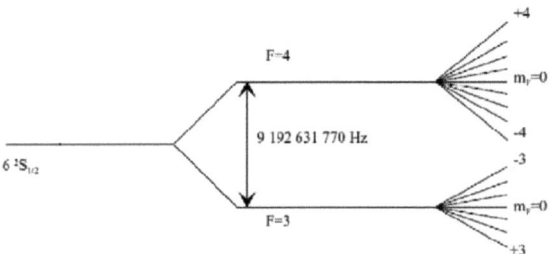

Figura 2.7: A chamada transição relógio

2.4 Interrogação

Em 1937 foi introduzido por Rabi o conceito de campo magnético rotacional para representar pertubações que atuam durante o movimento de átomos. Com isso, em 1939, Rabi inventou a ressonância magnética em feixe molecular [6] e, por tal invento, ganhou o prêmio Nobel da Física de 1944. A aplicação de um campo magnético induz transições entre níveis de energia, mudando o momento magnético dos átomos. As mundanças são detectadas por alterações no fluxo de átomos.

Em 1950, Norman Foster Ramsey [7], aluno de PhD de Rabi propôs interrogá-los com dois campos oscilatórios separados por uma região (espacial ou temporal) livre de perturbaões. Esse método superou a técnica proposta pelo seu orientador, aumentando a qualidade das medidas, o que lhe rendeu o Prêmio Nobel da Física de 1989.

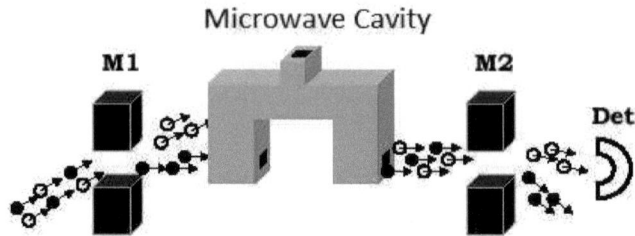

Figura 2.8: Esquema do método de Ramsey para uma transição atômica na região de micro-ondas

Na proposta de Ramsey para o experimento, inicialmente os átomos são preparados no estado hiperfino $|F = 3, m_f = 0\rangle$ através de um laser de rebombeio. Em seguida, entram na primeira região de campo de micro-ondas (M1) de frequência de oscilação ν, levando um tempo τ para atravessá-la. Em seguida passa por uma região livre durante um tempo T. Depois passa pela segunda região de campo de micro-ondas (M2), durante um intervalo τ, tal que a coerência entre os dois campos é preservada. Em cada uma das duas regiões de campo, os átomos sofrem um pulso $\frac{\pi}{2}$, então, depois de passar por todas as regiões (τ, T, τ) (Zona de Interrogação), sofrem, no total, um pulso π, que os faz mudar para o estado $|F = 4, m_f = 0\rangle$. A resposta da interrogação dos átomos envia um sinal de erro ao oscilador local, que é corrigido, fechando o ciclo que faz com que o oscilador fique cada vez mais próximo da frequência que define o segundo:

$$f_{sec} = 9.192.631.770Hz$$

Para obter o efeito do desdobramento Zeeman da estrutura hiperfina do átomo (desdobramento da linha espectral em suas várias componentes), um campo magnético estático é aplicado paralelamente ao campo magnético oscilante de micro-ondas. A dependência da transição relógio com o campo magnético é de segunda ordem e dada pela fórmula de Breit-Rabi [8]:

20

$$\Delta\nu = \frac{1}{2\nu_{Cs}}\frac{\left(g_J + g_I\right)^2 \mu_B^2}{\hbar}B_0^2 = 427{,}45 \times 10^8 B_0^2 HzT^{-2}$$

sendo B_0 a amplitude do campo magnético estático, ν_{Cs} a frequência de ressonância do átomo de césio 133, g_J e g_I os Fatores de Landé eletrônico e nuclear, respectivamente.

Podemos obter experimentalmente a probabilidade de transição [9] medindo a quantidade de átomos que saem da segunda região de interrogação. Esta é a detecção. Essa probabilidade em função do deslocamento de frequência do gerador de micro-ondas em relação à frequência de transição atômica $P\left(\Delta\nu = \nu - \nu_{Cs}\right)$ é chamada Franja de Ramsey e representa a superposição de uma ressonância estreita com o Pedestal de Rabi, sendo este correspondente à soma das probabilidades do átomo transitar do estado fundamental para o estado excitado em uma zona de interrogação, mas não na outra.

A probabilidade de ocorrer a transição relógio pode ser calculada através da mecânica quântica, considerando, como aproximação, apenas as transições que não dependem do campo magnético e, dessa forma, utilizando uma matriz densidade 2x2 e rotacionando o Spin.

Método de Rabi

No método de ressonância magnética de Rabi [6], onde um único pulso de interação é aplicado, os átomos são introduzidos na região do campo sem coerência entre os níveis $|3\rangle$ e $|4\rangle$. Nesse caso, a probabilidade de transição $P_{Rabi}(t)$ após um tempo de interação t é:

$$P_{Rabi}(t) = \frac{b^2}{2\Omega^2}\left[1 - \cos\left(\Omega t\right)\right] = \frac{b^2}{\Omega^2}sen^2\left(\frac{\Omega t}{2}\right)$$

$$\begin{cases} \Omega^2 = b^2 + \Omega_0^2 \\ \Omega_0 = \omega - \omega_0 \\ b = \dfrac{\mu_B}{2\hbar}\left(g_J + g_I\right)B \approx \dfrac{\mu_B B}{\hbar} \end{cases} \qquad (2.3)$$

sendo ω a frequência angular do campo magnético oscilante, ω_0 a frequência angular da transição hiperfina na presença de um campo magnético estático fraco, b a frequência de Rabi, μ_B o magneto de Bohr, B a amplitude do campo magnético oscilante e $(g_J + g_I) \approx 2$, a soma dos fatores de Landé.

Nessa expressão, quando Ω assume o menor valor, ou seja, quando $\omega = \omega_0$, a probabilidade tem amplitude máxima e esta tem o máximo global quando o cosseno assume o valor de -1, isto é, $bt = \pi$ (pulso π). A largura à meia altura é dada por:

$$\Delta\omega_{Rabi} = \frac{0{,}799}{t} \qquad (2.4)$$

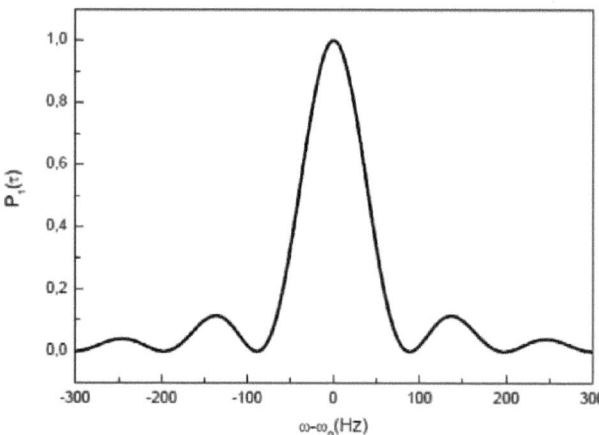

Figura 2.9: Resposta ao método de Rabi

Método de Ramsey

Para os padrões de frequência de ^{133}Cs, utilizamos o método de ressonância de dois campos oscilatórios separados de Ramsey [10] por ser o método de melhor resolução. Nesse caso, o campo de micro-ondas é aplicado em duas regiões de interação idênticas durante um tempo τ, separados por uma região livre de interação durante um tempo T. Essas regiões podem ser separadas espacialmente ou temporalmente (espaçamento temporal no nosso caso devido à necessidade de compacticidade do experimento). Assumimos que o campo magnético estático é o mesmo nas três regiões, dessa maneira a frequência angular da transição ω_0 será constante durante toda a trajetória dos átomos. Os átomos de césio entram na primeira região de interação sem coerência entre os estados, mas eles podem ser preparados em um dos estados antes das interações. Nesse caso, a probabilidade de transição de Ramsey pode ser calculada a partir de sua descrição: "A Franja de Ramsey representa a superposição de uma ressonância estreita com o Pedestal de Rabi, que corresponde à soma das probabilidades do átomo transitar do estado fundamental para o estado excitado em uma zona de interrogação, mas não na outra". Mas se considerarmos uma diferença de fase ϕ entre os campos magnéticos dos dois pulsos, essa diferença deve ser acrescida no argumento dos cossenos relativos à segunda zona de interrogação.

Sendo assim, temos o seguinte resultado:

$$P_{Ram}\left(\tau, T\right) = \frac{4b^2}{\Omega^2} sen^2 \left(\frac{\Omega\tau}{2}\right) \left[\cos\left(\frac{\Omega\tau}{2}\right) \cos\left(\frac{\Omega_0 T + \phi}{2}\right) - \frac{\Omega_0}{\Omega} sen\left(\frac{\Omega\tau}{2}\right) sen\left(\frac{\Omega_0 T + \phi}{2}\right)\right]^2$$

sendo ϕ a diferença de fase dos campos de micro-ondas das duas regiões e as outras variáveis como no método de interrogação de Rabi.

O máximo valor da probabilidade de Ramsey acontece para $\Omega_0 = 0$ e $\phi = 0$ mas também depende de b:

$$b\tau = \left(\frac{1}{2} + n \right) \pi, n \in \mathbb{Z}$$

Se $\Omega_0 \neq 0$, o movimento dos átomos na região livre de interação produz um efeito de interferência. Varrendo-se a frequência do campo oscilatório obtém-se as franjas de Ramsey (Figura 2.10). A franja central ($\Omega_0 \approx 0$) é a usada como a referência e sua largura à meia altura é dada por:

$$\Delta\omega_{Ramsey} \approx \frac{1}{2T} \tag{2.5}$$

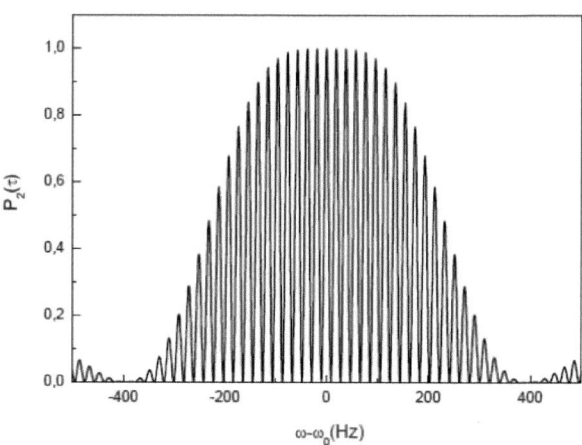

Figura 2.10: Resposta ao método de Ramsey (Franja de Ramsey)

2.4.1 Experimento, Resultados e Discussões

Determinação das Franjas de Ramsey

Como já mostrado, a Franja de Ramsey descreve a distribuição de probabilidades de excitação de um átomo na transição relógio em função da diferença de frequência com relação à frequência de ressonância do átomo (^{133}Cs no nosso caso). Para obtermos tal resultado experimentalmente, basta detectarmos os átomos excitados para um determinado intervalo de frequências, centrado na

24

frequência de ressonância, varrendo a frequência de micro-ondas. Se obtermos uma quantidade suficientemente grande de pontos, ou seja, se usarmos um passo de frequência suficientemente pequeno e pusermos em um gráfico, espera-se que seja formada uma franja já prevista na teoria.

No nosso caso isso foi feito através de programas feitos em LabView, que controlam todo o experimento do TAC e fazem as medidas necessárias, obtendo e armazenando, nesse caso, os dados que compoem cada uma das franjas.

Antes de obtermos as franjas referentes ao resfriamento sub-Doppler, que nos interessa, foram obtidas algumas franjas somente com resfriamento Doppler para ajuste da potência utilizada (figura 2.11). Em seguida, mantiveram-se fixos os intervalos de tempo da zona de interrogação e a potência do campo de micro-ondas para átomos após o resfriamento sub-Doppler, variando-se, de um gráfico para outro, somente a frequência de saída do modulador acusto-óptico da absorção saturada do laser mestre.

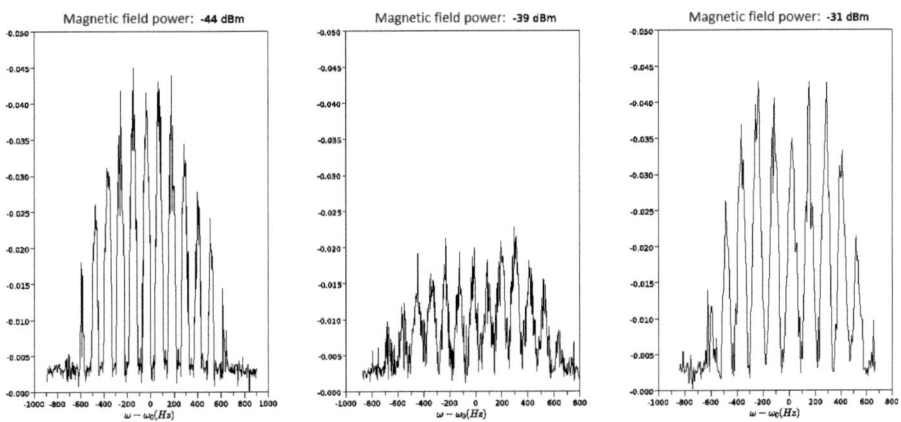

Figura 2.11: Franjas obtidas somente com o resfriamento Doppler

Para melhores franjas, podemos, antes de fazer as medidas, calcular a potência ideal para que as franjas fiquem o melhor possível. Para a zona de interrogação utilizamos $\tau = 1ms$ e $T = 8ms$. Para que a probabilidade em função do desloca-

25

mento de frequência seja máximo:

$$b\tau = \frac{\pi}{2}$$

Como $b = \frac{\mu_B}{\hbar}B$:

$$B = \frac{b\hbar}{\mu_B} = \frac{\pi}{2}\frac{b\hbar}{\tau\mu_B}$$

Levamos em consideração que o modo TE011 do sinal de micro-ondas é o mais adequado, pois nos permite abrir grandes buracos na cavidade de micro-ondas para a entrada dos feixes de aprisionamento e detecção sem perturbar muito a estrutura do campo eletromagnético, já que todo o ciclo do relógio atômico compacto é realizado dentro dessa cavidade. Então podemos calcular a energia armazenada no modo, obtendo:

$$E_{TE011} = \frac{B^2}{2\mu_0} \cdot V_{TE011} = \frac{B^2}{2\mu_0} \cdot \iiint_{cavidade} dr^3 \|\vec{H}(\vec{r})\|^2$$

Sendo, em coordenadas cilíndricas:

$$\vec{H} = \frac{\pi R}{kL}\cos\left(\frac{\pi z}{L}\right)J_1\left(\frac{k\rho}{L}\right)\hat{r} + sen\left(\frac{\pi z}{L}\right)J_0\left(\frac{k\rho}{L}\right)\hat{z}$$

sendo R o raio da cavidade ciclíndrica, L o comprimento da mesma, $\rho \approx 1,35 \cdot 10^6 s/m$ a condutividade da cavidade, J_n a função Bessel de ordem n e $k \approx 3,8317$ o primeiro zero da função J_1. Então:

$$E_{TE011} \approx 6,2917 \cdot 10^{-16} J$$

Precisamos também do fator de relaxação do modo na cavidade:

$$\tau_{rel} = \frac{Q_{ef}}{\omega_r} \approx 2,6835 \cdot 10^{-8} s$$

sendo $Q_{ef} = 1550$ o fator de qualidade efetivo e ω_r a frequência de ressonância da cavidade.

Assim, podemos obter a potência ideal que deve ser utilizada para se obter uma boa franja:

$$P = \frac{E_{TE011}}{\tau_{rel}} = 2{,}3445 \cdot 10^{-8}W = -46dBm$$

Resultados e Discussões

O valor da frequência de saída do modulador no resfriamento sub-Doppler é obtido, através da tensão de entrada, ou seja, a tensão injetada é diretamente proporcional ao deslocamento de frequência. Dessa forma, temos que encontrar a equação de conversão, que é uma equação de reta e foi obtida pelo ajuste dos pontos medidos (figura 2.12).

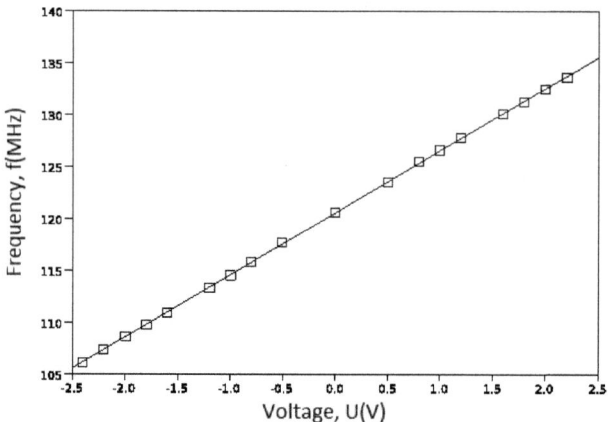

Figura 2.12: Equação de conversão de tensão (U, V) em frequência (f, MHz) $f = (5{,}98 \pm 0{,}01)U + (120{,}60 \pm 0{,}02)$

Depois de ajustada a potência para o valor calculado, pudemos, em seguida, obter, normalizar e analisar as franjas para o resfriamento Doppler e sub-Doppler. A figura 2.13 apresenta seis franjas, com as frequências de saída do modulador identificando cada um em seus títulos. Para a última franja, temos essa frequência equivalente à tensão de entrada de 0V, ou seja, não há alteração da frequência (120,6 MHz), indicando átomos resfriados apenas por resfriamento Doppler. Vamos então comparar essa franja com uma das outras na figura 2.14 (a segunda, no caso) e também com a franja teórica já apresentada.

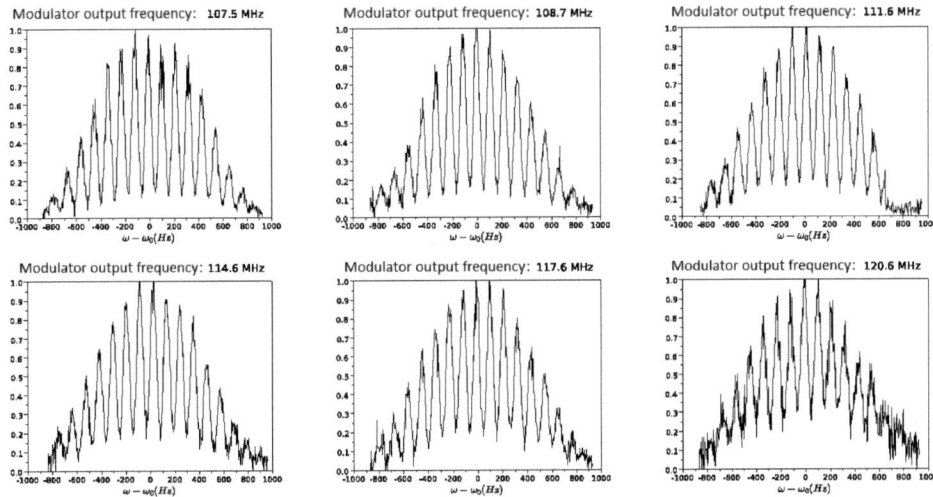

Figura 2.13: Franjas normalizadas

Sabemos que a teórica equivale à franja ideal, ou seja, em que os átomos não se movem, no zero absoluto. Mas isso não é possível, segundo o teorema de Nernst, através de um número finito de processos termodinâmicos. No nosso caso, o mais próximo da idealidade é o resfriamento sub-Doppler, como podemos observar pelas franjas mostradas. Se compararmos o contraste de cada uma, podemos perceber claramente que a franja referente ao resfriamento sub-Doppler tem mais contraste.

Isso pode ser explicado devido ao fato de que o módulo do campo de micro-ondas varia conforme a distância ao centro da cavidade, então quanto menor a velocidade de expansão dos átomos ou, em outras palavras, quanto menor a temperatura, menor será a variação das amplitudes dos campos sentidos nos dois pulsos e portanto menor a variação da probabilidade de transição. Sendo assim, um MOT resfriado por sub-Doppler tem maior contraste que um MOT resfriado apenas por Doppler.

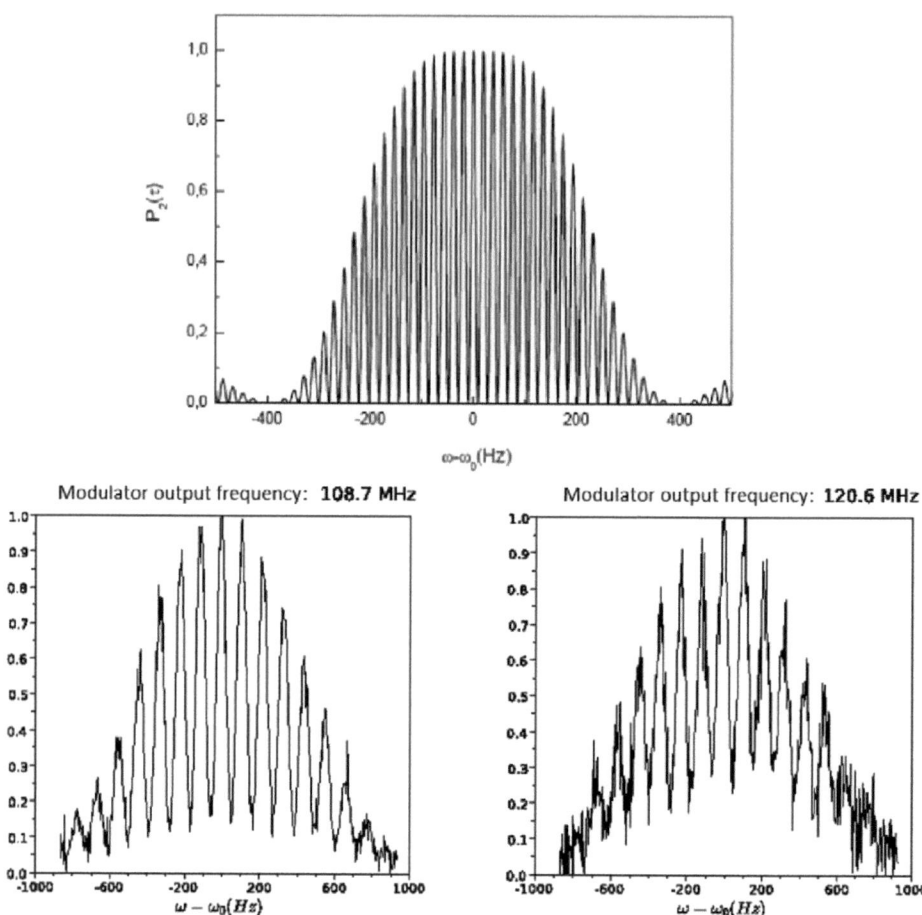

Figura 2.14: Comparação entre uma franja teórica, uma de resfriamento sub-Doppler e uma de resfriamento Doppler somente, nessa ordem

Também relacionado a temperatura do MOT, podemos observar a parte inferior da franja. No caso ideal ela não teria curvatura, sendo possível não haver nenhuma transição em alguns pontos. Podemos ainda observar que na franja cuja nuvem tem temperatura menor, a curvatura é menos significativa, tendo uma altura de aproximadamente 0,15, enquanto a outra tem uma altura de aproximadamente o dobro (0,30).

Podemos agora comparar a largura do envelope de Rabi e da franja central das duas franjas experimentais. Primeiro, faremos a comparação para o envelope de Rabi (figura 2.15), em que os títulos dos gráficos indicam respectivamente a frequência de saída do modulador e a largura da franja.

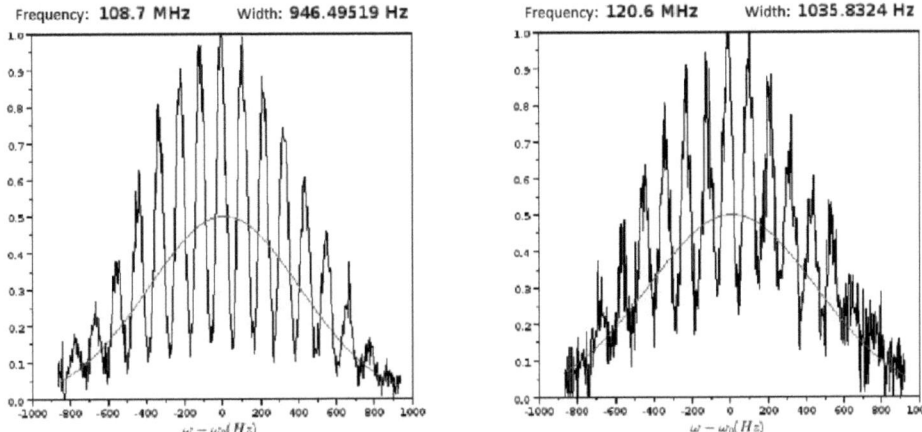

Figura 2.15: Comparação entre as larguras a meia altura

A equação 2.4 nos mostra aproximadamente o valor dessa largura para a situação da franja ideal. Calculando por ela, temos:

$$\Delta\omega \approx \frac{0{,}799}{\tau} = 799 Hz$$

Como já esperado, observamos que a franja do sub-Doppler tem a largura mais próxima do valor ideal. Os erros percentuais do ajuste obtidos foram próximos entre si, apesar de o da franja sem sub-Doppler ser ligeiramente maior, como esperado pela falta de contraste da franja (6,76% contra 4,15% para a franja resfriada por esse método).

Agora, faremos um segundo ajuste, somente da franja central de cada gráfico para encontrarmos a largura da mesma, como mostrado na figura 2.16. Do mesmo modo da figura anterior, os títulos dos gráficos indicam, respectivamente, a frequência de saída do modulador e a largura a meia altura da franja central.

31

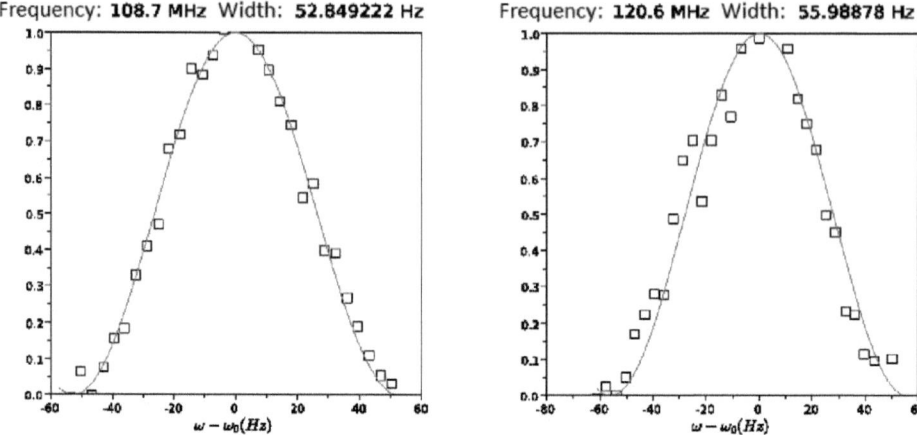
Figura 2.16: Largura a meia altura da franja central

Apesar de esperarmos que o resfriamento sub-Doppler tenha uma franja mais próxima do ideal, não observamos isso. Mas observamos que as larguras estão bem próximas entre si, podendo essa diferença ser referente à falta de contraste, que também pode ser observada nesse gráfico referente aos átomos sem resfriamento sub-Doppler, devido à distribuição não uniforme de pontos sobre a curva de ajuste, gerando um erro percentual de 4,25%, enquanto que a franja com resfriamento sub-Doppler tem um erro bem menor, de apenas 1,99%, sendo as duas medidas equivalentes, se considerarmos o erro.

A equação 2.5 nos mostra aproximadamente o valor dessa largura para compararmos com o dado obtido pela franja do resfriamento sub-Doppler. Calculado por ela, temos:

$$\Delta\omega \approx \frac{1}{2T} = 62{,}5Hz$$

O que, por ser um valor aproximado, está bem próximo do nosso valor obtido experimentalmente, sendo que essa diferença provavelmente advém do fato de o valor calculado ser aproximado. Agora se considerarmos o T da fórmula como o tempo total da zona de interrogação ($T + 2\tau = 10ms$), temos:

$$\Delta\omega \approx \frac{1}{2T} = 50Hz$$

Essa sim se aproxima mais do resultado obtido experimentalmente e torna a medida para o resfriamento sub-Doppler mais próximo do valor calculado.

O sinal obtido (a franja) é utilizado apenas para caraterizar e estudar o relógio, é apenas uma assinatura, afinal não seria viável um relógio que necessitasse de uma franja dessa a cada ciclo já que, para que obtenhamos uma assinatura dessa, temos cerca de 500 pontos que demoram, cada um, entre 10 e 15 segundos para ser obtidos, perfazendo um total de cerca de 1h30min. Depois de tudo ajustado para que o experimento realmente funcione como relógio são obtidos pontos da franja central para travar o oscilador local na frequência de ressonância dos átomos e, dessa forma, podemos calcular a estabilidade do sistema em um tempo viável.

2.5 Detecção

Para a detecção, o laser mestre, usado anteriormente para o aprisionamento, é religado. Os átomos absorvem a luz e quando os mesmos decaem, sua emissão será detectado por um fotodetector, depois de passar por um conjunto de lentes convergentes posicionadas em uma das janelas da câmara de vácuo, como mostrado na figura 2.17.

O sinal do fotodetector é enviado a um amplificador e depois ao programa do computador. Depois de normalizado, esse sinal reflete a probabilidade de transição entre os dois níveis do estado fundamental.

2.5.1 Acurácia

A frequência real emitida por um padrão de frequência de átomos não é exatamente a frequência de Bohr relativa à transiçao relógio do átomo, dada por:

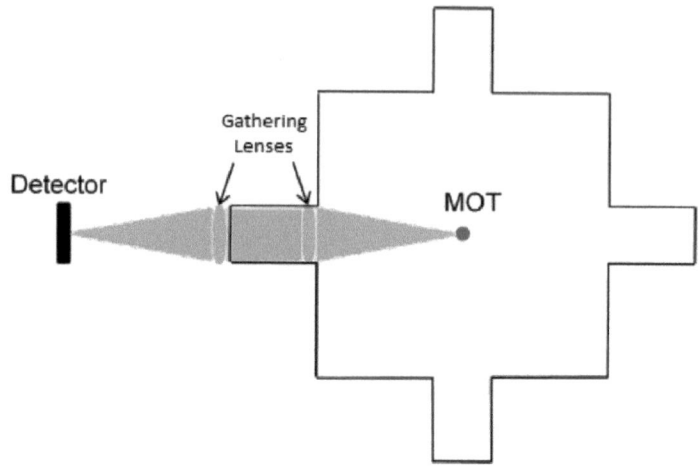

Figura 2.17: Sistema óptico para detecção da resposta dada pelos átomos

$$\nu_0 = \frac{E_f - E_i}{h} \tag{2.6}$$

Tal frequência deve ser corrigida por um termo relativo à acurácia (ε), que será discutida logo adiante, e um termo relativo às flutuações ($y(t)$), dado por:

$$y(t) = \frac{\nu(t) - \nu_{osc}}{\nu_{osc}}$$

sendo ν_{osc} a frequência nominal de interrogação.

Dessa forma, a frequência emitida é dada por:

$$\nu(t) = \nu_0 \left[1 + \varepsilon + y(t) \right]$$

A falta de acurácia, relacionada ao termo ε, representa a incerteza sistemática do experimento causada por fenômenos físicos como Efeito Doppler, radiaçao de corpo negro, Efeito Zeeman, Efeito Stark, efeitos relativísticos, efeitos gravitaci-onais, etc. e por problemas técnicos, como a geração dos harmônicos do sinal de micro-ondas, entre outras que não podem ser eliminadas, ou seja, tudo que pode interferir na diferença de energia entre os níveis da transiçao relógio, perturbando

34

o processo de interrogação dos átomos e fazendo com que a Franja de Ramsey fique deslocada em relação à franja ideal.

Conhecendo alguns desses erros sistemáticos e calculando-os, podemos corrigi-los no cálculo da frequência final, melhorando a precisão do relógio. O cálculo, nos dá a acurácia relativa, que nos relógios comerciais está em torno de 10^{-12} [11] e nas melhores fountains atômicas (relógio atômico baseado no lançamento vertical do átomos) está em torno de 10^{-16}. Em seguida discutiremos algumas dessas incertezas.

Efeito Gravitacional

Sabemos que a aceleração da gravidade varia em função da posiçao espacial, fazendo com que a energia gravitacional também varie. Esse efeito gera uma variação de frequência de qualquer oscilador em relação à frequência de uma altitude específica. O Tempo Atômico Internacional (TAI) [12] define a origem do delocamento do potencial gravitacional próximo à superfície da Terra com relação à superfície do geóide. Quando o relógio é colocado a uma altitude y em relação à superfície do geóide, temos:

$$\frac{\Delta \nu_G}{\nu_0} = -\frac{g}{c^2} y$$

onde g é a aceleração da gravidade na superfície do geóide e c é a velocidade da luz no vácuo. A altitude do IFSC-USP, instituto onde o TAC está, foi medida pelo GPS do celular Samsung Galaxy 5 (Modelo: GT-I5500), obtendo-se um valor de $(896 \pm 6)\, m$. Dessa forma temos que o deslocamento devido ao efeito gravitacional no nosso experimento é de:

$$\frac{\Delta \nu_G}{\nu_0} = -(978 \pm 7) \cdot 10^{-16}$$

Efeito Doppler de Primeira Ordem

Como a cavidade de micro-ondas não é um condutor ideal, o campo de micro-ondas perderá energia para as paredes da cavidade, acarretando um gradiente de fase do campo.

Efeito Doppler de Segunda Ordem

O efeito Doppler de segunda ordem está relacionada à dilataçao temporal prevista por Einstein na Teoria da Relatividade Especial. Cada um das componentes da velocidade contribui com [13]:

$$\frac{\Delta\nu_D}{\nu_0} = \frac{v_0^2}{2c^2}$$

onde c é a velocidade da luz nu vácuo e v_0 é a velocidade das partículas.

Logo após o aprisionamento, temos uma temperatura entre $58\mu K$ e $108\mu K$ [5]. Em seguida, quando fazemos o resfriamento Sub-Doppler, ela diminui ainda mais, para a ordem de algumas dezenas de micro Kelvin. Dessa forma, utilizando a equipartição de energia, temos uma velocidade de alguns centímetros por segundo, resultando num deslocamento de freqência da ordem de 10^{-19} e incerteza da ordem de 10^{-20}.

Efeito Zeeman de Segunda Ordem

O efeito é induzido por um campo magnético estático chamado *C-field*, que tem a funçao de separar as sete transições hiperfinas σ $(\Delta m_F = 0)$ para privilegiar a transição relógio. Mas temos que considerar que existem outros campos magnéticos locais, sendo o campo magnético da Terra o mais previsível deles. Dessa forma, precisamos conhecer todo esse campo em função do espaço e do tempo para podermos corrigir tal deslocamento. Para tal, usamos as transições que dependem linearmente do campo magnético para podermos determiná-lo. Através dos nossos dados experimentais, foi obtido um valor de $B = 35\mu T$ para campos magnéticos externos. Além disso, a estabilidade temporal do campo magnético externo à blindagem magnética foi medido durante alguns dias e foi obtida uma estabilidade da ordem de $1\mu T$. O Efeito Zeeman quadrático é proporcional ao valor médio do quadrado do campo magnético aplicado pelo *C-field*:

$$\frac{\Delta\nu_Z}{\nu_0} = 4{,}65003 \left\langle B^2 \right\rangle$$

Para tais resultados, foi obtido o deslocamento Zeeman de $5{,}1 \cdot 10^{-9}$ e uma incerteza relativa de $0{,}3 \cdot 10^{-9}$.

Radiação de Corpo Negro

Os átomos recebem uma radiação proveniente da região de interrogação e do sistema de vácuo equivalente à radiação de corpo negro a uma temperatura T, que dá origem a um espectro de potência responsável pelo deslocamento de frequência devido aos efeitos Stark [14] e Zeeman AC não ressonantes.

O deslocamento de frequência devido a esse fenômeno é [15]:

$$\frac{\Delta\nu_{BBR}}{\nu_0} = \beta \left(\frac{T}{T_0}\right)^4 \left[1 + \epsilon \left(\frac{T}{T_0}\right)^2\right]$$

onde T é a temperatura, $T_0 = 300K$, $\beta = -1{,}69(4) \cdot 10^{-14}$ e $\epsilon = 0{,}014$.

Assim como no caso do campo magnético, a temperatura na cavidade de micro-ondas foi medida continuamente ao longo de alguns dias e obteve-se $T = (32{,}4 \pm 0{,}6)\,{}^{\circ}C$. A partir desses dados, obtém-se:

$$\frac{\Delta\nu_{BBR}}{\nu_0} = (184 \pm 1) \cdot 10^{-16}$$

Efeito Colisional

Tal efeito ocorre devido às colisões entre os átomos frios de ^{133}Cs e o vapor de fundo durante a expansão da nuvem, entre os dois pulsos de micro-ondas e é

37

proporcional à densidade numérica de átomos na nuvem.

Rabi Pulling

Tal efeito ocorre devido às superposições dos Pedestais de Rabi da transição relógio com outras transições hiperfinas adjacentes.

Cavity Pulling

Quando a cavidade não está exatamente sintonizada na frequência da transição relógio, a amplitude do campo varia assimetricamente quando a frequência é modulada em torno de ν_0, o que produz um deslocamento de frequência

Deslocamento Luminoso

A incidência de laser durante a interação dos átomos com o campo de micro-ondas pode causar deslocamento de frequência, mas, no nosso caso, enquanto a interrogação é feita, os átomos estão livres e, portanto, os lasers estão desligados, tornando esse efeito desprezível.

A partir desses resultados, podemos fazer uma tabela com os mesmos para comparação. Os deslocamentos ainda não calculados o serão mais tarde, mas, avaliando estas incertezas, temos que a maior e, portanto, a limitante, é relativa ao Efeito Zeeman de Segunda Ordem, o que indica que devemos melhorar o experimento no sentido de diminuir os campos magnéticos e, consequentemente, a incerteza referentes a esse efeito. Para tal, devemos localizar e remover os que forem possíveis, isolar o experimento o máximo possível e fazer as medidas do campo com instrumentos de maior precisão.

Efeito	Correção	Incerteza
Efeito Gravitacional	$9{,}78 \cdot 10^{-14}$	$7{,}0 \cdot 10^{-16}$
Efeito Doppler de Segunda Ordem	10^{-19}	10^{-20}
Efeito Zeeman de Segunda Ordem	$5{,}1 \cdot 10^{-9}$	$0{,}3 \cdot 10^{-9}$
Radiação de Corpo Negro	$1{,}84 \cdot 10^{-14}$	10^{-16}

Tabela 2.1: Correções e as respectivas incertezas

2.5.2 Modelagem, Resultados e Discussões

Modelo do Campo Magnético na Cavidade

Algumas das incertezas descritas na seção anterior, como o Efeito Colisional e o Cavity Pulling, são devido ao movimento ou à posição dos átomos dentro da cavidade. Por isso e por causa da não uniformidade da amplitude dos pulsos de micro-ondas na cavidade durante a interrogação, uma boa opção é simular o movimento dos átomos dentro da cavidade e depois se utilizar de física estatística e computação paralela para prever o movimento de toda a nuvem.

Para iniciar tal modelo, devemos calcular o movimento durante o resfriamento e aprisionamento para depois irmos para a expansão. Para tal, precisamos das forças exercidas nos átomos. A parte dessa tarefa já executada é o cálculo do campo magnético durante o aprisionamento.

Para tal, inicialmente foi deduzida a fórmula do campo magnético em um ponto qualquer $P(\rho, \varphi, z)$ devido a uma espira (Figura 2.18).

39

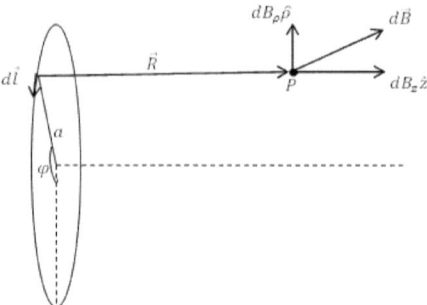

Figura 2.18: Elemento de campo magnético em um ponto P devido a uma espira espira

Este problema tem simetria axial, isto é, para um determinado valor de (ρ, z), o resultado é o mesmo para qualquer valor de φ, ou seja, o resultado é invariante por rotação em torno do eixo, portanto o resultado final não pode depender de φ e nem ter componente na direção $\hat{\varphi}$:

$$\vec{B} = \vec{B}_r + \vec{B}_z$$

Vamos dividir o problema em duas partes: $\rho = 0$ e $\rho \neq 0$.

Para $\rho = 0$, o ponto P se localiza sobre o eixo da espira (figura 2.19). Assim, por simetria cilíndrica, podemos dizer que $\vec{B} = \vec{B}_z$, ou seja, o campo magnético resultante não tem componente na direção radial. Vamos provar que isso é verdade. Pela Lei de Biot-Savart:

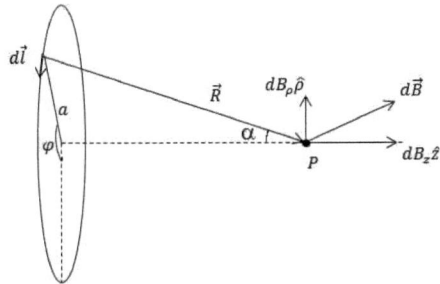

Figura 2.19: Elemento de campo magnético em um ponto P localizado no eixo devido a uma espira

$$d\vec{B} = \frac{\mu_0 I}{4\pi} \frac{d\vec{l} \times \vec{R}}{R^3}$$

Portanto:

$$
\begin{cases}
d\vec{B_z} = \dfrac{\mu_0 I}{4\pi} \dfrac{dl}{a^2 + z^2} sen\left(\alpha\right) \hat{z} \\[2mm]
d\vec{B_\rho} = \dfrac{\mu_0 I}{4\pi} \dfrac{dl}{a^2 + z^2} \cos\left(\alpha\right) \hat{r} \\[2mm]
dl = a \cdot d\varphi \\[2mm]
sen\left(\alpha\right) = \dfrac{a}{\sqrt{a^2 + z^2}} \\[2mm]
\cos\left(\alpha\right) = \dfrac{z}{\sqrt{a^2 + z^2}}
\end{cases}
\tag{2.7}
$$

$$\vec{B} = \int_{\varphi=0}^{2\pi} \left(d\vec{B_z} + d\vec{B_r} \right)$$

$$\vec{B} = \frac{\mu_0 I a}{4\pi \left(a^2 + z^2\right)^{3/2}} \int_0^{2\pi} \left(a\hat{z} + z\hat{r}\right) d\varphi$$

Como o versor $\hat{r}$ varia com φ, temos que transformar as equações para um sistema de coordenadas em que isso não aconteça, como as coordenadas cartesianas:

$$\vec{B} = \frac{\mu_0 I a}{4\pi \left(a^2 + z^2\right)^{3/2}} \int_0^{2\pi} \left\{a\hat{z} + z\left[\hat{x}\cos\left(\varphi\right) + \hat{y}sen\left(\varphi\right)\right]\right\} d\varphi$$

41

Como o segundo termo é uma soma de senos e cossenos e estamos fazendo a integral no período dessas funções trigonométricas, temos que a integral desse segundo termo é nula, provando o que já foi dito no início: o campo magnético resultante não tem componente radial.

$$\vec{B} = \frac{\mu_0 I a^2}{4\pi \left(a^2 + z^2\right)^{3/2}} \int_0^{2\pi} \hat{z} d\varphi$$

$$\boxed{\vec{B} = \frac{\mu_0 I a^2}{2\left(a^2 + z^2\right)^{3/2}} \hat{z}}$$

Podemos observar que, para $z = 0$, quando P está no centro da espira, a fórmula do campo magnético assume a fórmula encontrada em livros do ensino médio [17]:

$$\vec{B} = \frac{\mu_0 I}{2a} \hat{z}$$

Vamos agora para o caso em que $\rho \neq 0$. Voltemos à Lei de Biot-Savart:

$$d\vec{B} = \frac{\mu_0 I}{4\pi} \frac{\vec{dl} \times \vec{R}}{R^3}$$

Primeiro vamos calcular R. Para facilitar as contas, vamos utilizar coordenadas cartesianas, assumindo, sem perda de generalidade já que o problema tem simetria cilíndrica, que P esteja no eixo y e medindo φ a partir do eixo x, tal que $\hat{x} \times \hat{y} = \hat{z}$. Utilizando a distância entre o elemento de corrente localizado em $(a\cos\varphi, asen\varphi, 0)$ e o ponto P em $(0, \rho, z)$:

$$R = \sqrt{a^2 \cos^2\varphi + \left(asen\varphi - \rho\right)^2 + z^2}$$

$$R = \sqrt{a^2 + z^2 + \rho^2 - 2a\rho sen\varphi}$$

Com as mesmas definições vamos calcular $\vec{dl}$ e $\vec{R}$:

42

$$\vec{dl} = dl \cdot \hat{dl} = (-sen\varphi\hat{x} + \cos\varphi\hat{y})\, dl = -\hat{\varphi}dl$$

$$\vec{R} = -a\cos\varphi\hat{x} + (\rho - asen\varphi)\,\hat{y} + z\hat{z} = -a\hat{r} + \rho\hat{y} + z\hat{z}$$

Calculando $\vec{dl} \times \vec{R}$:

$$\vec{dl} \times \vec{R} = (-sen\varphi\hat{x} + \cos\varphi\hat{y}) \times [-a\cos\varphi\hat{x} + (\rho - asen\varphi)\,\hat{y} + z\hat{z}] \cdot dl$$

$$\vec{dl} \times \vec{R} = [z\cos\varphi\hat{x} + zsen\varphi\hat{y} + (a - \rho \cdot sen\varphi)\,\hat{z}]\, dl$$

Substituindo na Lei de Biot-Savart, podemos dividir a integral nas 3 componentes cartesianas do campo magnético:

$$B_x = \frac{\mu_0 Iza}{4\pi} \int_0^{2\pi} \frac{\cos\varphi}{(a^2 + z^2 + \rho^2 - 2a\rho sen\varphi)^{3/2}} d\varphi$$

$$B_y = \frac{\mu_0 Iza}{4\pi} \int_0^{2\pi} \frac{sen\varphi}{(a^2 + z^2 + \rho^2 - 2a\rho sen\varphi)^{3/2}} d\varphi$$

$$B_z = \frac{\mu_0 Iz}{4\pi} \int_0^{2\pi} \frac{a - \rho sen\varphi}{(a^2 + z^2 + \rho^2 - 2a\rho sen\varphi)^{3/2}} d\varphi$$

Podemos dividir B_x em duas integrais para facilitar a visualização de que $B_x = 0$:

$$B_x = \frac{\mu_0 Iza}{4\pi} \left[\int_0^{\pi} \frac{\cos\varphi}{(a^2 + z^2 + \rho^2 - 2a\rho sen\varphi)^{3/2}} d\varphi + \int_{\pi}^{2\pi} \frac{\cos\varphi}{(a^2 + z^2 + \rho^2 - 2a\rho sen\varphi)^{3/2}} d\varphi \right]$$

Pode-se observar que o integrando é anti-simétrico em relação à média dos limites das integrais nos dois casos, pois $sen(\pi - \varphi) = sen(\varphi)$ e $\cos(\pi - \varphi) = -\cos(\varphi)$, fazendo com que a integral dê zero.

Para os casos de B_y e B_z, fazendo a mesma divisão das integrais, temos duas partes simétricas:

43

$$B_y = \frac{\mu_0 I z a}{4\pi} \left[\int_0^\pi \frac{sen\varphi}{(a^2 + z^2 + \rho^2 - 2a\rho sen\varphi)^{3/2}} d\varphi + \int_\pi^{2\pi} \frac{sen\varphi}{(a^2 + z^2 + \rho^2 - 2a\rho sen\varphi)^{3/2}} d\varphi \right]$$

$$B_z = \frac{\mu_0 I z a}{4\pi} \left[\int_0^\pi \frac{a - \rho sen\varphi}{(a^2 + z^2 + \rho^2 - 2a\rho sen\varphi)^{3/2}} d\varphi + \int_\pi^{2\pi} \frac{a - \rho sen\varphi}{(a^2 + z^2 + \rho^2 - 2a\rho sen\varphi)^{3/2}} d\varphi \right]$$

Portanto nesse caso, podemos juntar cada uma como o dobro da integral na metade do intervalo:

$$B_y = \frac{\mu_0 I z a}{2\pi} \left[\int_0^{\frac{\pi}{2}} \frac{sen\varphi}{(a^2 + z^2 + \rho^2 - 2a\rho sen\varphi)^{3/2}} d\varphi + \int_{\frac{3\pi}{2}}^{2\pi} \frac{sen\varphi}{(a^2 + z^2 + \rho^2 - 2a\rho sen\varphi)^{3/2}} d\varphi \right]$$

$$B_z = \frac{\mu_0 I z a}{2\pi} \left[\int_0^{\frac{\pi}{2}} \frac{a - \rho sen\varphi}{(a^2 + z^2 + \rho^2 - 2a\rho sen\varphi)^{3/2}} d\varphi + \int_{\frac{3\pi}{2}}^{2\pi} \frac{a - \rho sen\varphi}{(a^2 + z^2 + \rho^2 - 2a\rho sen\varphi)^{3/2}} d\varphi \right]$$

Considerando a equivalência entre os ângulos que ocupam as mesmas posições no ciclo trigonométrico $\left(-\frac{\pi}{2} \equiv \frac{3\pi}{2} \quad e \quad 2\pi \equiv 0 \right)$:

$$B_y = \frac{\mu_0 I z a}{2\pi} \int_{-\frac{\pi}{2}}^{\frac{\pi}{2}} \frac{sen\varphi}{(a^2 + z^2 + \rho^2 - 2a\rho sen\varphi)^{3/2}} d\varphi$$

$$B_z = \frac{\mu_0 I z a}{2\pi} \int_{-\frac{\pi}{2}}^{\frac{\pi}{2}} \frac{a - \rho sen\varphi}{(a^2 + z^2 + \rho^2 - 2a\rho sen\varphi)^{3/2}} d\varphi$$

Para o caso particular em que $\rho = 0$, ou seja, em que P está no eixo da espira e que o campo magnético não tem componente radial, temos:

$$B_y = \frac{\mu_0 I z a}{2\pi (a^2 + z^2)^{3/2}} \int_{-\frac{\pi}{2}}^{\frac{\pi}{2}} sen\varphi d\varphi$$

$$B_z = \frac{\mu_0 I z a^2}{2\pi \left(a^2 + z^2\right)^{3/2}} \int_{-\frac{\pi}{2}}^{\frac{\pi}{2}} d\varphi$$

Como o integrando de $B_y \equiv B_r$ é ímpar e a integral está sendo calculada simetricamente em torno da origem, temos que $B_y = 0$. Para B_z, temos:

$$B_z = \frac{\mu_0 I z a^2}{2 \left(a^2 + z^2\right)^{3/2}} \tag{2.8}$$

sendo que I flui no sentido de $\hat{\varphi}$.

Ou seja, exatamente a mesma expressão obtida anteriormente. Voltando ao problema geral:

$$B_y = \frac{\mu_0 I z a}{2\pi} \int_{-\frac{\pi}{2}}^{\frac{\pi}{2}} \frac{sen\varphi}{\left(a^2 + z^2 + \rho^2 - 2a\rho sen\varphi\right)^{3/2}} d\varphi$$

$$B_z = \frac{\mu_0 I z a}{2\pi} \int_{-\frac{\pi}{2}}^{\frac{\pi}{2}} \frac{a - \rho sen\varphi}{\left(a^2 + z^2 + \rho^2 - 2a\rho sen\varphi\right)^{3/2}} d\varphi$$

Fazendo uma mudança de variável de forma que $\varphi = \frac{\pi}{2} - \theta \Rightarrow d\varphi = -d\theta$, temos:

$$B_y = \frac{\mu_0 I}{2\pi} \frac{a}{(2a\rho)^{3/2}} z \int_0^\pi \frac{-\cos\theta \cdot d\theta}{\left(b - \cos\theta\right)^{3/2}}$$

$$B_z = \frac{\mu_0 I}{2\pi} \frac{a}{(2a\rho)^{3/2}} \left[a \int_0^\pi \frac{d \cdot \theta}{\left(b - \cos\theta\right)^{3/2}} + \rho \int_0^\pi \frac{-\cos\theta \cdot d \cdot \theta}{\left(b - \cos\theta\right)^{3/2}} \right]$$

sendo $b = \dfrac{a^2 + z^2 + \rho^2}{2a\rho}$.

Essas são funções de integrais elípticas conforme as seguintes definições:

$$\int_0^\pi \frac{d \cdot \theta}{\left(b - \cos\theta\right)^{3/2}} = \frac{k^2}{2 - 2k^2} k\sqrt{2} E(k)$$

$$\int_0^\pi \frac{-\cos\theta \cdot d\theta}{(b-\cos\theta)^{3/2}} = k\sqrt{2}K(k) - \frac{2-k^2}{2-2k^2}k\sqrt{2}E(k)$$

Com:

$$\begin{cases} E(k) = \displaystyle\int_0^{\frac{\pi}{2}} \sqrt{1-k^2 sen^2\vartheta}\, d\vartheta \\[3mm] K(k) = \displaystyle\int_0^{\frac{\pi}{2}} \frac{d\vartheta}{\sqrt{1-k^2 sen^2\vartheta}} \\[3mm] k = \sqrt{\dfrac{2}{1+b}} \end{cases}$$

sendo $K(k)$ e $E(k)$ as integrais elípticas completas de primeira e segunda espécies, respectivamente.

Finalmente, temos:

$$B_r = \frac{\mu_0 I}{2\pi}\frac{ak\sqrt{2}}{(2a\rho)^{3/2}}z\left[\frac{2-k^2}{2-2k^2}E(k) - K(k)\right]$$

$$B_z = \frac{\mu_0 I}{2\pi}\frac{ak\sqrt{2}}{(2a\rho)^{3/2}}\left[a\frac{k^2}{2-2k^2}E(k) + \rho K(k) - \rho\frac{2-k^2}{2-2k^2}E(k)\right] \qquad (2.9)$$

$$k = \sqrt{\frac{4a\rho}{a^2+z^2+\rho^2+2a\rho}}$$

De novo, calculando o limite para $\rho \to 0 \Rightarrow m \to 0$, podemos obter a equação para quando P está no eixo, sabendo que $E(0) = K(0) = \dfrac{\pi}{2}$:

$$\lim_{\rho \to 0} B_r = 0$$

já que os dois termos entre colchetes tendem a ser iguais.

46

$$\lim_{\rho \to 0} B_z = \lim_{\rho \to 0} \frac{\mu_0 I a}{2\pi} \frac{\sqrt{\dfrac{8a\rho}{a^2+z^2}}}{(2a\rho)^{3/2}} \left[a\frac{\dfrac{4a\rho}{a^2+z^2}}{2}\frac{\pi}{2} + \rho\frac{\pi}{2} - \rho\frac{\pi}{2} \right]$$

$$\lim_{\rho \to 0} B_z = \frac{\mu_0 I a^2}{2\left(a^2+z^2\right)^{3/2}}$$

como já tinha sido obtido anteriormente.

A figura 2.20 mostra o campo magnético em função da posição, considerando $a = 1$, com a espira indicada pelo xis (corrente entrando) e seu eixo indicado pela reta. No primeiro quadro é mostrada a direção do campo magnético em função da posição sem levar em consideração sua intensidade, pois, como é mostrado no segundo quadro, em que a intensidade é levada em conta, não há como identificar a direção, já que, longe da espira, o campo decai muito rapidamente.

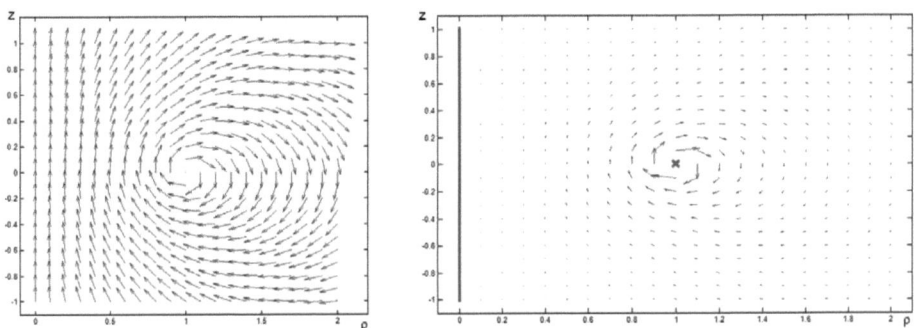

Figura 2.20: Perfil do campo mganético gerado por uma espira

No MOT, utilizamos bobinas no arranjo anti-Helmholtz [11], isto é, duas bobinas de mesmo raio a distanciadas de a entre si, com correntes de mesma intensidade I e sentidos opostos. Como uma bobina é um conjunto de espiras, podemos considerar um par de bobinas no arranjo anti-Helmholtz como um conjunto de pares de espiras nesse arranjo. Dessa forma, podemos começar calculando o campo magnético devido a um par de espiras no arranjo anti-Helmholtz (figura 2.21). Para tal, usaremos o resultado obtido anteriormente e o princípio da superposição de campos magnéticos.

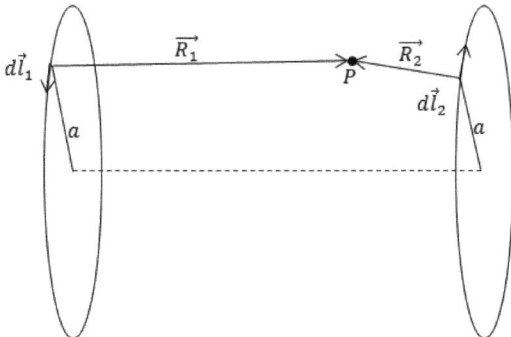

Figura 2.21: Par de espiras no arranjo anti-Helmholtz

Assumindo que o eixo z positivo vai da espira da esquerda para a da direita, temos que $\vec{B}_{z,1}$ tem sentido positivo no eixo z e $\vec{B}_{z,2}$ tem sentido negativo:

$$B_z = B_{z,1} - B_{z,2}$$

$$B_r = B_{r,1} + B_{r,2}$$

Para obtermos a fórmula resultante, basta aplicarmos as somas acima às fórmulas deduzidas anteriormente (equação 2.9), mas sabendo que nada poderá ser simplificado, abaixo está apenas um resumo do resultado, utilizado para a implementação do software de simulação:

$$B_{r,i} = \begin{cases} \dfrac{\mu_0 I}{2\pi}\dfrac{ak_i\sqrt{2}}{(2a\rho)^{3/2}}z_i\left[\dfrac{2-k_i^2}{2-2k_i^2}E(k_i) - K(k_i)\right], \rho \neq 0 \\[3mm] 0, \rho = 0 \end{cases}$$

$$B_{z,i} = \begin{cases} \dfrac{\mu_0 I}{2\pi}\dfrac{ak_i\sqrt{2}}{(2a\rho)^{3/2}}\left[a\dfrac{k_i^2}{2-2k_i^2}E(k_i) + \rho K(k_i) - \rho\dfrac{2-k_i^2}{2-2k_i^2}E(k_i)\right], \rho \neq 0 \\[3mm] \dfrac{\mu_0 I z_i a^2}{2\left(a^2+z_i^2\right)^{3/2}}, \rho = 0 \end{cases}$$

$$i \in \{1,2\}$$

$$B_z = B_{z,1} - B_{z,2}$$

$$B_r = B_{z,1} + B_{z,2}$$

$$k_i = \sqrt{\dfrac{4a\rho}{a^2+z_i^2+\rho^2+2a\rho}}$$

$$z_1 = z$$

$$z_2 = R - z_1$$

$$(2.10)$$

Refazendo o diagrama do campo magnético, agora para o arranjo inteiro, obtemos os diagramas indicados na figura 2.22, com a mesma notação do anterior, sendo que o xis indica a corrente entrando e o ponto indica a corrente saindo.

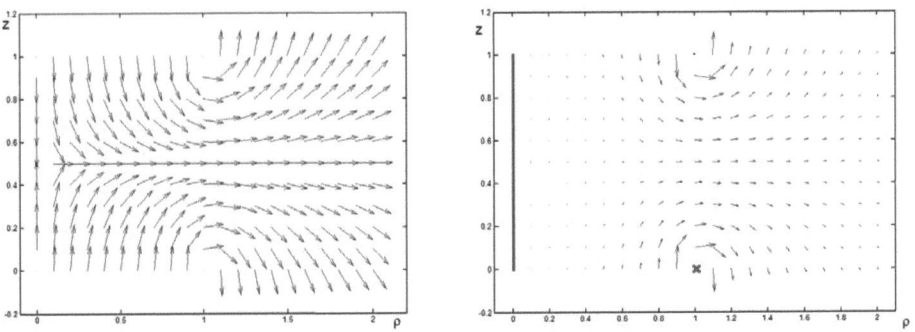

Figura 2.22: Perfil do campo magnético gerado por um par de espiras no arranjo anti-Helmholtz

Em seguida, na figura 2.23, mostramos o campo magnético na região do MOT.

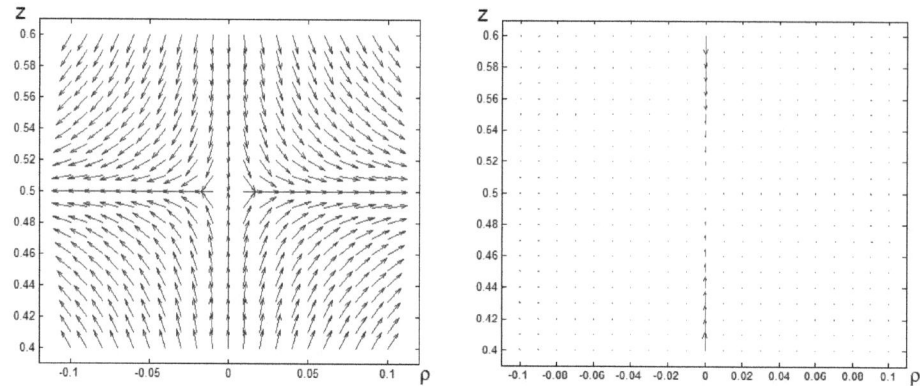

Figura 2.23: Perfil do campo mganético na região do MOT.

Sabendo que a força que, indiretamente (através da polarização dos lasers), o campo faz os átomos sentirem é sempre restauradora para o centro do sistema (como um sistema massa-mola) [6], sendo maior quanto maior for o gradiente do campo magnético, temos um poço de potencial na origem, o que faz com que os átomos fiquem aprisionados nessa pequena região espacial (figura 2.24).

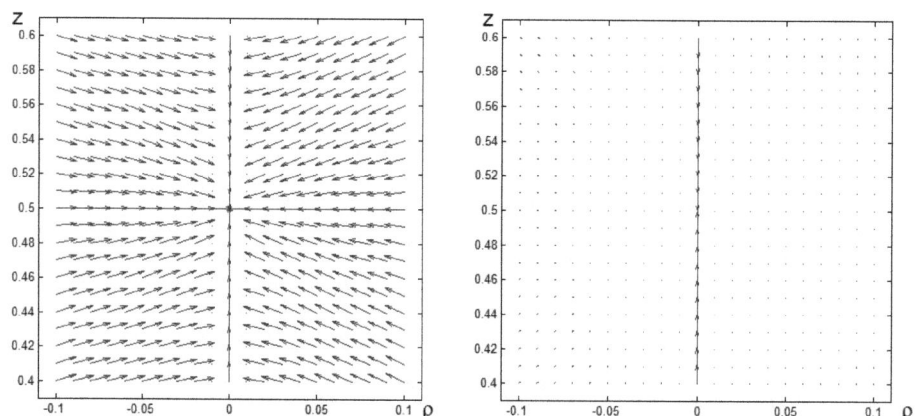

Figura 2.24: Gradiente do campo mganético na região do MOT, proporcional à força

50

Resultados e Discussões

Com os resultados obtidos na seção anterior, foi feito um software, com a linguagem de programação C, utilizando-se da biblioteca GSL (GNU Scientific Library) para a determinação dos valores das integrais elípticas.

Figura 2.25: Uma das bobinas utilizadas na medição

Implementando um loop com as fórmulas descritas acima para o cálculo de todas as espiras das bobinas organizadas lado a lado com suas respectivas camadas (figura 2.25), para medidas feitas no eixo z através de uma sonda Hall, os módulos do campo magnético obtidos na região do MOT estão mostrados na tabela abaixo em comparação com os dados experimentais, sendo que a posição z é medida a partir do MOT ideal (ponto central do sistema). Para tal, utilizamos os seguintes dados:

Raio interno (a_0): 5,85cm

Número de espiras lado a lado: 17

Número de camadas de cada espira: 28

Espessura do fio: 1,32mm

Corrente elétrica: 1A

Posição (cm)	Medida (Gauss)	Cálculo (Gauss)	Erro Absoluto (Gauss)	Erro Percentual (%)
-1,0	8,3930	8,7025	+0,3095	+3,69
-0,5	3,3577	4,4308	+1,0731	+31,96
-0,3	2,3515	2,6864	+0,3349	+14,24
-0,1	0,6745	0,9318	+0,2573	+38,14
0,1	0,7605	0,8265	+0,0660	+8,67
0,3	2,5493	2,5815	+0,0322	+1,26
0,5	4,222	4,3267	+0,1047	+2,48
			+0,3111	+14,35

Tabela 2.2: Resultados

Observando a tabela, percebemos um erro absoluto pequeno para nossa área de interesse (região do MOT). Temos erros percentuais grandes, mas, como nessa região os campos são bem pequenos, um erro absoluto pequeno pode se transformar em um erro relativo bem grande. Mas, apesar disso, mesmo nessa região, a maioria dos erros estão abaixo de 10%, com uma média geral de 14,35%.

Assim, conseguimos um software satisfatório para obtenção dos valores dos campos magnéticos, que poderá ser testado para mais medidas e, continuando com bom desempenho, permitirá aplicação ao modelo estatístico de posicionamento e movimentação dos átomos durante o ciclo de funcionamento do relógio, melhorando a precisão do mesmo.

Referências Bibliográficas

[1]   CONFÉRENCE GÉNÉRALE DES POIDS ET MESURES,13., 1967-1968. Résolution 1, CR, 103. Definition of basic si units. Metrologia, v. 4, n. 3, p. 147, 1968.

[2]   LIEDER, S. Magneto-optical trap.
        Disponível   em: http://home.ustc.edu.cn/~dtruijun/Pre-Lab/Heidelberg_MOT.pdf Acessado em: 26/07/2013

[3]   DALIBARD, J.; COHEN-TANNOUDJI, C. Laser cooling below the Doppler limit by polarization gradients: simple theorical models. Journal of Optical Society of America B, v. 6, n. 11, p. 2023-2045, Nov. 1989.

[4]   Magneto-Optic Trap
        Disponível em: http://electron9.phys.utk.edu/optics507/modules/m10/mot.htm
        Acessado em: 26/07/2013

[5]   SMAIRA, A.F.; MÜLLER, S.T.; MAGALHÃES, D.V.; BAGNATO, V.S.
        Medindo a temperatura de um gás no regime de micro-Kelvin
        Disponível em: http://www.sbfisica.org.br/rbef/pdf/341303.pdf
        Acessado em: 26/07/2013

[6]   RABI, I. I.; ZACHARIAS, J. R.; MILLMAN, S.; KUSCH, P. A new method of measuring nuclear magnetic moment. Physical Review, v. 53, n. 4, p. 318, 1938.

[7]   RAMSEY, N. F. A molecular beam resonance method with separated oscillating fields. Physical Review, v. 78, n. 6, p. 695-699, June 1950.

[8]   KOGA, Y. An improved method of measuring the Zeeman shift in cesium beam frequency standards. Japanese Journal of Applied Physics, v. 23, n. 6, p. 97-100, 1984.

[9]   VANIER, J.; AUDOIN, C. The quantum physics of atomic frequency standards. Bristol: Adam Hilger, 1989, v.2

[10]   RAMSEY, N. F. A molecular beam resonance method with separated oscillating fields. Physical Review, v. 78, n. 6, p. 695–699, June 1950.

[11]   BEBEACHIBULI, A. Relógio atômico a feixe efusivo de 133Cs: estudo da estabilidade e da acuracia como função do deslocamento da frequência atômica devido ao efeito zeeman de segunda ordem, ao cavity pulling e ao rabi pulling; 2003; Tese de Mestrado; Orientadora: DAHMOUCHE, M. S.

[12]   BUREAU INTERNATIONAL DES POIDS ET MESURES (BIPM); International atomic time
        Disponível em: http://www.bipm.org/en/scientific/tai/tai.html
        Acessado em: 29/07/2013

[13]   MÜLLER, S. T.; Padrão de Frequência Compacto; 2010; Tese de Doutorado; Orientador: BAGNATO, V. S.

[14]   GILMORE, R.; Stark Effect
        Disponível em: einstein.drexel.edu/~bob/PHYS517_10/stark.pdf
        Acessado em: 29/07/2013

[15]   PORSEV, S. G.; DEREVIANKO, A.; Multipolar theory of black-body radiation shift of atomic energy levels and its implications for optical lattice clocks

Disponível em: http://arxiv.org/abs/physics/0602082

Acessado em: 29/07/2013

[17] Campo Magnético no Centro de uma Espira Circular - Brasil Escola

Disponível em: http://www.brasilescola.com/fisica/campo-magnetico-no-centro-uma-espira-circular.htm

Acessado em: 29/07/2013

Artigo

Medindo a Temperatura de um Gás no Regime de Micro-Kelvin

André de Freitas Smaira[1], Stella Torres Müller[1], Daniel Varela Magalhães[2] e Vanderlei Salvador Bagnato[1]

[1]Instituto de Física de São Carlos - IFSC

[2]Escola de Engenharia de São Carlos - EESC

Universidade de São Paulo - USP

Resumo

O desenvolvimento científico nos permite trabalhar hoje com gases em temperaturas muito inferiores aos $10^{-6}K$. Estes gases, uma vez obtidos por técnicas de resfriamento óptico, precisam ser caracterizados com relação às suas propriedades termodinâmicas. Dentre tais propriedades está a medida da temperatura. Neste trabalho mostramos de forma tutorial como são medidas tais baixas temperaturas, através de técnicas de tempo de voo. Tais técnicas combinam conhecimento básico de mecânica, termodinâmica dentre outros tópicos convencionalmente estudados nos cursos básicos de física.

Palavras-Chave: Física Atômica; Átomos Frios; Relógio Atômico

Introdução

Átomos frios, aprisionados ou em feixes desacelerados [1, 2, 3] permitiram um enorme desenvolvimento de diversas áreas da física moderna. A remoção da velocidade dos átomos suprime de forma marcante o chamado alargamento Doppler, tradicionalmente presente nas técnicas espectroscópicas utilizando vapores atômicos, permitindo um considerável aumento da resolução espectral. Por esta razão, átomos frios tornaram-se bastante atrativos para uso em metrologia de tempo e frequência. De fato, os relógios atômicos mais precisos possíveis de serem criados hoje, são baseados em átomos frios [4, 5]. Resfriamentos ainda mais profundos de amostras atômicas aprisionadas, tem permitido a obtenção de Condensados de Bose-Einstein, tópico que tem revolucionado nosso entendimento de muitas áreas da física.

Quando falamos em tão baixas temperaturas, sua medida não pode ser feita com as tradicionais técnicas de medida, onde colocamos o sistema em contato com uma substância de propriedades fortemente dependentes da temperatura, e previamente calibradas, como é o caso dos termômetros. Para muitos dos experimentos com átomos frios, a medida de sua temperatura é feita de maneira diferente, usando diretamente a definição de temperatura, através de medidas diretas da distribuição de velocidades da amostra.

Neste trabalho, apresentamos dados experimentais que permitem mostrar de forma didática, como são medidas tais temperaturas no regime de micro-Kelvin. Para isso será apresentada uma técnica para a medida dessa temperatura de uma forma indireta, utilizando a expansão de uma nuvem de átomos aprisionados. Combinando as observações com a teoria de distribuição de velocidades de Maxwell-Boltzmann, determinamos a temperatura da amostra. A técnica pode ser entendida de forma simplificada, como uma forma de medir a distribuição de velocidade dos átomos em uma caixa, fazendo um orifício, de modo a permitir por um curto intervalo de tempo que uma parte da amostra escape. Como aqueles mais rápidos são os que partem primeiro, conhecendo-se a quantidade inicial de átomos, variando o tempo de "abertura do orifício", e medindo a quantidade que fica na caixa, podemos extrair toda a distribuição de velocidades do gás.

Descrição do Sistema Experimental para Resfriamento e aprisionamento de átomos

O sistema experimental usado é essencialmente uma Armadilha Magneto-óptica (MOT) [6], que opera com átomos de Césio, e que faz parte do projeto de Relógios Atômicos Compactos do IFSC/EESC-USP. O sistema tem sido adequadamente descrito em diversas publicações [7, 8, 9, 10]. O MOT é um sistema híbrido que emprega feixes de laser polarizados e campo magnético no aprisionamento de átomos neutros. Essa técnica usa a interação do momento magnético dos átomos com um gradiente de campo magnético, para criar um poço de potencial. O MOT é uma armadilha muito robusta, em que os gradientes de campo magnético são pequenos e podem ser atingidos com bobinas bem simples de serem construídas com que se consegue capturar e manter amostras atômicas compostas de cerca de 10^{10} átomos. Essas armadilhas podem ser operadas em células saturadas de átomos alcalinos e em temperatura ambiente e, além disso, podem ser produzidas com lasers de diodo de baixo custo. Todas essas vantagens fizeram do MOT uma das maneiras mais baratas de se produzir amostras atômicas com temperaturas abaixo de $1mK$.

Este tipo de armadilha é constituída de três pares de feixes de laser ortogonais e contrapropagantes que se cruzam no centro de um campo magnético gerado por um par de bobinas montadas na configuração anti-Helmholtz [11] (Figura 26). Essa configuração gera um campo nulo $B = 0$ no centro geométrico entre as duas bobinas e próximo a essa posição o módulo do campo cresce linearmente em todas as direções, com um gradiente mximo no eixo (z) das bobinas e metade deste valor nas direções ortogonais (x, y).

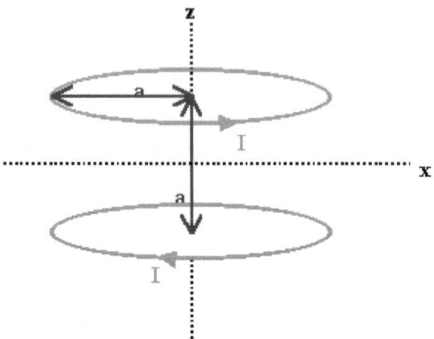

Figura 26: [11] Par de bobinas no arranjo anti-Helmholtz

Para compreender o funcionamento desse tipo de armadilha será necessário considerar um átomo hipotético de dois níveis, um estado fundamental de momento angular total $F = 0(m_F = 0)$ e um estado excitado $F' = 0(m_F = +1, 0, -1)$, como mostra a figura 27. Aplicando um campo magnético fraco e não homogêneo $\vec{B}(z) = B_0\hat{z}$ nesse átomo, quebra-se a degenerescência do nível excitado por meio do efeito Zeeman, em $z > 0$ o subnível do estado excitado $m_F = +1$ é deslocado para cima e o subnível $m_F = -1$ para baixo, já para $z < 0$ os estados são deslocados ao contrário. Se o átomo for iluminado com luz laser de polarizações $-\sigma$ na direção $-z$ e $+\sigma$ na direção $+z$, nota-se que se o laser for sintonizado para o vermelho da frequência de ressonância ($B > 0$), o átomo em $z > 0$ absorverá mais fótons $-\sigma$ do que $+\sigma$ e consequentemente sofrerá uma força para a origem, onde o campo é nulo e os subníveis Zeeman são degenerados. Para $z < 0$, o deslocamento Zeeman é invertido e o átomo absorverá mais fótons $+\sigma$ do que $-\sigma$, dessa maneira a força será novamente dirigida para $z = 0$. Veja a Figura 27.

Dessa forma o átomo sente uma força restauradora sempre em direção à origem e a força total pode ser escrita como uma força harmônica:

60

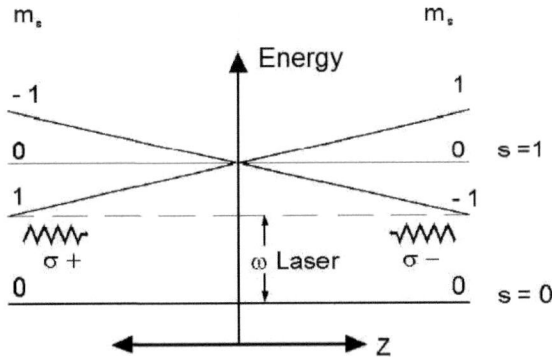

Figura 27: [12] Esquema do processo de aprisionamento magneto-óptico (MOT). Os feixes de aprisionamento são circularmente polarizados σ^+ e σ^-.

$$f_{MOT} = -\alpha_D v - K_D z, \tag{11}$$

onde $K_D = \alpha_D \dfrac{\mu_B g B_0}{k}$ é a constante de mola, α_D o coeficiente de fricção, $\mu_B = 9{,}274 \times 10^{-24} J/T$ é o magneton de Bohr e $g = -4{,}013 \times 10^{-4}$ é o fator de Landè.

Através do sistema de detecção também podemos calcular o número de átomos aprisionados. Na figura 28 são mostradas as imagens de uma nuvem de átomos aprisionados e de uma nuvem em um melado óptico, isto é, sem o campo magnético das bobinas. Essas imagens foram obtidas através de uma câmera CCD.

Figura 28: [13] (a) Imagem da nuvem de átomos aprisionados na armadilha magneto-óptica (b) Imagem da nuvem de átomos resfriados em um melado óptico, isto é, só com os feixes de laser.

A potência medida pelo fotodetector será:

$$P_m = \frac{V}{G_A G_D}, \tag{12}$$

onde V o sinal medido no osciloscópio ou computador em Volts, G_A é o ganho do amplificador em $V A^{-1}$ e G_D é o ganho do detector em $A W^{-1}$.

A potência total emitida pela nuvem de átomos aprisionados é dada por:

$$P_T = \frac{N \frac{\Omega_0^2}{2}}{2\Delta^2 + \frac{\Gamma^2}{2} + \Omega_0^2} \frac{h\nu}{\tau}, \tag{13}$$

onde $\dfrac{N \frac{\Omega_0^2}{2}}{2\Delta^2 + \frac{\Gamma^2}{2} + \Omega_0^2}$ é o número de átomos emitindo na transição de aprisionamento, $h\nu$ é a energia que está sendo emitida e τ é o tempo de vida médio do estado excitado.

A relação entre a potência total emitida pela nuvem e a potência medida no fotodetector:

$$\frac{P_T}{P_m} = \frac{4\pi R^2}{\pi r^2}, \tag{14}$$

onde R é a distância da nuvem de átomos aprisionados até a lente de coleta e r é o raio da lente de coleta.

No caso da nuvem de átomos aprisionada neste experimento, substituindo os valores na equação 13 temos que $N = 7 \times 10^8$ átomos.

O número final de átomos é dado pelo equilíbrio entre a taxa de captura e a taxa das perdas dos átomos na armadilha [14]. Os dois principais canais de perdas são as colisões entre os átomos aprisionados com os átomos do gás de fundo e com os próprios átomos aprisionados [15].

Medição da Temperatura Através do Processo de Liberação-Recaptura

Para tal medição, será utilizada a técnica de "release-recapture", em que a nuvem atômica obtida é solta do campo de luz e, depois de um breve período, recapturada.

A partir do número de partículas inicial e do número delas recapturadas (já que algumas são perdidas), sua temperatura pode ser obtida através do modelo de distribuição de velocidades de Maxwell-Boltzmann.

Tendo um número conhecido de partculas (N_0) capturadas e conhecendo o raio de captura (R_C) tal que, se um átomo estiver a uma distância menor que ele do centro da armadilha, será capturado por ela e utilizando a teoria de Maxwell-Boltzmann:

$$f(v)dv = 4\pi v^2 \left(\frac{m}{2\pi KT}\right)^{\frac{3}{2}} e^{-\frac{1}{2}\frac{mv^2}{k_B T}} dv$$

$$\int_0^\infty f(v)dv = 1$$

Desligando a armadilha e religando num determinado tempo muito pequeno (t), para uma expansão livre praticamente isotrópica da nuvem atômica obtida, serão perdidas as partículas com velocidades superiores a $\frac{R_C}{t}$, ou seja:

$$\frac{N(t)}{N_0} = 1 - \int_{\frac{R_C}{t}}^\infty f(v)dv = \int_0^{\frac{R_C}{t}} f(v)dv$$

Então:

$$\frac{N(t)}{N_0} = \int_0^{\frac{R_C}{t}} 4\pi v^2 \left(\frac{m}{2\pi KT}\right)^{\frac{3}{2}} e^{-\frac{1}{2}\frac{mv^2}{k_B T}} dv$$

Simplificando:

$$\frac{N(t)}{N_0} = \frac{4}{\sqrt{\pi}} \int_0^{\alpha_C} \alpha^2 e^{-\alpha^2} d\alpha$$

$$\begin{cases} \alpha^2 = \dfrac{mv^2}{2k_B T} \\[3mm] \alpha_C = \dfrac{R_C}{t}\sqrt{\dfrac{m}{2k_B T}} \end{cases} \tag{15}$$

Medindo-se o número N(t) de partículas recapturadas, plotando, através do Maple, o número de partículas em função do tempo de espera com a armadilha desligada (t) e comparando esses dados experimentais com os obtidos teoricamente para diferentes temperaturas, pode-se obter a temperatura aproximada dos átomos do MOT. Mas existe uma diferença entre o tempo inicial teórico e o prático. Isso acontece devido ao fato de que na teoria utilizada, os átomos partem de um só ponto, como se toda a matéria estivesse ocupando o mesmo espaço, sendo que na realidade isso nunca ocorre e os átomos partem de um raio inicial, ou seja, têm que percorrer uma distância menor que a prevista na teoria para que possa escapar da armadilha e, portanto, deve ter uma velocidade menor para que isso ocorra. Assim, na equação 15, deve-se somar uma constante t_C na variável temporal para que isso seja corrigido e obtenha-se uma estimativa além da qual a temperatura real não está:

$$\frac{N(t)}{N_0} = \frac{4}{\sqrt{\pi}} \int_0^{\alpha_C} \alpha^2 e^{-\alpha^2} d\alpha$$

$$\begin{cases} \alpha^2 = \dfrac{mv^2}{2k_B T} \\[3mm] \alpha_C = \dfrac{R_C}{t + t_C}\sqrt{\dfrac{m}{2k_B T}} \end{cases} \tag{16}$$

Plotamos um gráfico teórico e hipotético apenas para mostrar a relação entre a variação da temperatura e o deslocamento da curva. Tal demonstração está na figura 29.

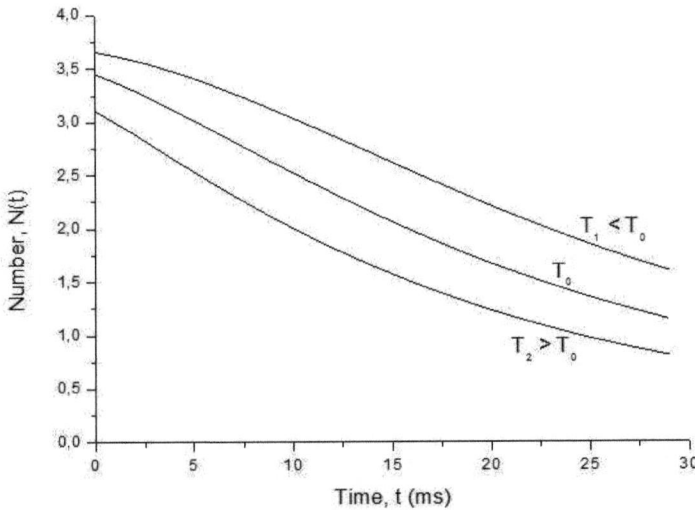

Figura 29: Relação entre a variação de temperatura e o deslocamento da curva no gráfico teórico

Resultados e Discussões

Como utilizamos átomos de ^{133}Cs, temos massa $m = 2,20694650(17) \times 10^{-25}kg$, número inicial $N_0 = 3,6$ e raio de captura $R_C = 4,8mm$.

Com esses dados e as medidas experimentais de número de mols em função do tempo de recaptura obtidos e apresentados na tabela abaixo e utilizando a teoria de distribuição de velocidades de Maxwell-Boltzmann (Equação 16), temos, utilizando o software Maple, um gráfico (Figura 30), que relaciona os dados experimentais (número de átomos átomos após o resfriamento Doppler) com os teóricos, obtendo, a partir da proximidade entre a taxa de variação dos pontos experimentais e das curvas teóricas os seguintes resultados:

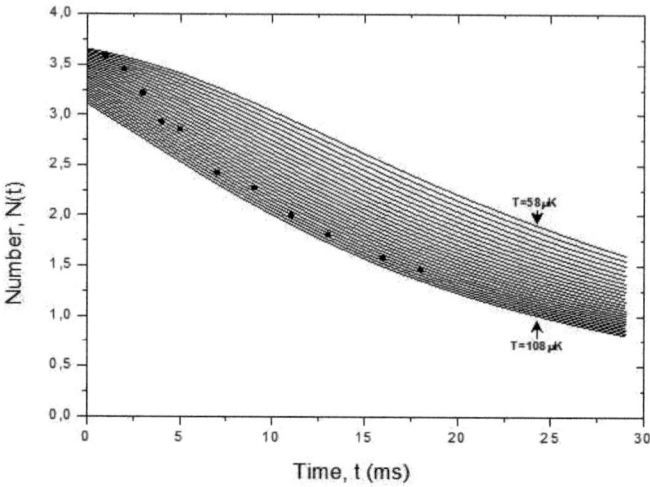

Figura 30: Gráfico de número de mols em função do tempo de recaptura sobreposto pelas curvas teóricas

$$t_C = 25ms$$

$$58\mu K \leqslant T \leqslant 108\mu K$$

Podemos observar que, apesar do grande intervalo obtido, os pontos com maior tempo de espera para recaptura e, portanto, com resultados mais precisos, estão em um intervalo menor de curvas. Então podemos dizer que a temperatura mais provável está próximo de $100\mu K$. Esse resultado está próximo ao esperado, já que essa medida foi feita depois do resfriamento Doppler (Limite Doppler: $T_D = 124{,}62\mu K$).

Conclusões

A técnica utilizada se mostrou muito eficiente para medição de baixas temperaturas apesar de os resultados serem aproximados, já que a medida é obtida apenas por observação de gráficos (o que tem um erro associado muito grande).

Porém ao menos existe a certeza de que a temperatura real está dentro de uma faixa conhecida e que quanto maiores os tempos (t) em que o laser de rebombeio fica bloqueado, maior a precisão do método, sendo que, no nosso caso, os seis pontos finais indicaram um erro de menos de $10\mu K$, ou seja, um erro relativo menor que 10%.

Como não podemos fazer a medida diretamente e os outros métodos apresentam muita desvantagem para um relógio compacto em relação ao espaço utilizado, já que seria necessária uma cavidade extra para o método "Tempo de Voo", usamos esse método, que apesar da grande margem de erro relativo, mostra um resultado satisfatório para medidas em baixas temperaturas em que o pequeno gasto de espaço está entre os fatores importantes para o sucesso do experimento, como em um relógio atômico compacto.

Referências Bibliográficas

[1]   BAGNATO, V. S. ; ZILIO, S. C. . Controlando átomos Com Luz. CIENCIA
        HOJE, Brasil, v. 9, n. 53, p. 41-46, 1989.

[2]   BAGNATO, V. S. ; ZILIO, S. C. . Recuo de Um átomo Devido à Absorção
        de Fótons. REV. ENS. FIS., Brasil, v. 10, p. 43-49, 1988.

[3]   FIRMINO, M. E. ; CLUSSI, V. C. ; ZILIO, S. C. ; BAGNATO, V. S. .
        Projeto, Construção e Teste de Um Sistema Experimental Para Desacelerar
        átomos Neutros. REV. FIS. APLIC. E INSTRUM., Brasil, v. 4, n. 4, p.
        368-388, 1989.

[4]   DALIBARD, J.; COHEN-TANNOUDJI, C. Laser cooling below the Dop-
        pler limit by polarization gradients: simple theorical models. Journal of
        Optical Society of America B, v. 6, n. 11, p. 2023-2045, Nov. 1989.

[5]   METCALF, H.; STRATEN, P. VAN DER. Laser cooling and trapping of
        atoms. Journal of Optical Society of America B, v. 20, n. 5, p. 887-908,
        2003.

[6]   LIEDER,   S.   Magneto-optical   trap.   (http://www.rzuser.uni-
        heidelberg.de/s̃lieder/Downloads/MOT_analysis.pdf)

[7]   MÜLLER, S. T.; Orientador BAGNATO, V. S., Padrão de Frequência Com-
        pacto - 2010

[8] MÜLLER, S. T. ; BEBEACHIBULI, A. ; MAGALHãES, D. V. ; T.A. Ortega ; BAGNATO, V. S. . Desenvolvimento de um novo padrão de freqüência compacto brasileiro. In: XXX Encontro Nacional de Física da Matéria Condensada, 2007, São Lourenço. XXX Encontro Nacional de Física da Matéria Condensada, 2007. v. 1.

[9] MÜLLER, S T ; MAGALHãES, D. V. ; ALVES, R F ; BAGNATO, V. S. . Compact frequency standard. In: 19th International Laser Physics Workshop, 2010, Foz do Iguau. 19th International Laser Physics Workshop, 2010.

[10] MÜLLER, S. T. ; BAGNATO, V. S. . Compact atomic clock with an expanding cloud of cold atoms inside a microwave cavity. In: XII Workshop da Pós-Graduação do IFSC, 25-28 nov., 2008, São Carlos. Caderno de Resumos, 2008. p. 172.

[11] Magneto-Optic Trap (17/01/2012)
(http://electron9.phys.utk.edu/optics507/modules/m10/mot.htm)

[12] MÜLLER, S. T., op. cit., pag. 38

[13] MÜLLER, S. T., op. cit., pag. 96

[14] METCALF, H., op. cit., pag. 887-907

[15] METCALF, H.; STRATEN, P. VAN DER. Laser cooling and trapping. New York: Springer-Verlag, 1999.

Constantes

Constantes Físicas

Constante	Símbolo	Valor
Magneton de Bohr	μ_B	$9{,}27400899(37) \cdot 10^{-24} J/T$
Constante de Planck Reduzida	$\hbar$	$1{,}054571596(82) \cdot 10^{-34} Js$
Constante de Boltzmann	k_B	$1{,}386503(24) \cdot 10^{-23} J/K$
Carga Elétrica Fundamental	e	$1{,}602176462(63) \cdot 10^{-19} C$
Massa do elétron	m_e	$9{,}10938291 \cdot 10^{-31} kg$

Parâmetros do Césio 133

Parâmetro	Valor
Número Atômico	55
Massa Atômica	$M = 2{,}20694650(17) \cdot 10^{-25} kg$
Elétron de Valência	$6s^1$
Abundância do ^{133}Cs	100%
Tempo de vida nuclear	Estável
Spin nuclear	7/2
Fator de Landé nuclear	$g_I = -4{,}013 \cdot 10^{-4}$
Fator de Landé Eletrônico $(6^2 S_{1/2})$	$g_J = 2{,}00254032(20)$
Frequência de transição hiperfina	$\nu_{Cs} = 9192631770 Hz$
Comprimento de onda da linha D_2 (no vácuo)	$\lambda_{D_2} = 852{,}34727582(27) nm$
Número de onda da linha D_2 $\left(\frac{2\pi}{\lambda_{D_2}}\right)$	$k = 7{,}0235 \cdot 10^{-6} m^{-1}$
Frequência da linha D_2	$\nu_{D_2} = 351{,}72571850(11) THz$
Tempo de vida do estado excitado $6^2 P_{3/2}$	$\tau = 30{,}473(39) ns$
Largura de linha natural, linha D_2 $(2\pi/\tau)$	$\Gamma = 10{,}4304\pi Mrad/s$
Intensidade de Saturação da linha D_2 $\left(\frac{\pi hc}{3\lambda^3 \tau}\right)$	$I_s = 1{,}09 mW/cm^2$
Seção de choque de absorção (D_2)	$\sigma_{ge} = 346{,}9 \cdot 10^{-15}$
Velocidade de recuo do fóton (D_2)	$\nu_r = 3{,}52 mm/s$
Temperatura de recuo	$T_r = 0{,}198 \mu K$
Velocidade de captura $\left(\frac{1}{\tau k}\right)$	$v_C = 4{,}42 mm/s$
Temperatura Doppler	$T_D = 126{,}63 \mu K$